ニュートン式
超図解

最強に面白い!!

パラドックス

はじめに

　「パラドックス」とは，前提条件や論理の展開にはおかしな点がないように思えるのに，受け入れがたい結論がみちびかれてしまう問題のことです。

　たとえば，ある人が「私はうそつきです」といったとします。この発言がほんとうなら，この人はうそつきのはずです。それならば，「私はうそつきです」という言葉もうそのはずですから，この人は正直者ということになります。これは矛盾です。逆に発言がうその場合，この人は正直者ということになります。正直者が自分のことをうそつきといっているわけですから，やはり矛盾しています。このように，パラドックスについて考えることは，論理的な思考力をきたえることにつながります。

　本書は，さまざまなパラドックスについて，ゼロから学べる1冊です。"最強に"面白い話題をたくさんそろえましたので，どなたでも楽に読み進められます。どうぞお楽しみください！

ニュートン式 超図解　最強に面白い!!

パラドックス

イントロダクション

1. 論理パラドックス

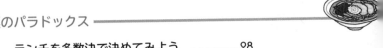

2. 数学のパラドックス

確率のパラドックス

3. 宇宙のパラドックス

4. 物理学のパラドックス

双子のパラドックス ━━━━━━

タイムパラドックス ━━━━━━

イントロダクション

パラドックスとは，論理の道筋は正しいようにみえるのに，納得しがたい結論がみちびかれてしまう問題のことです。イントロダクションでは，パラドックスの種類や，どのように生まれてきたのかについて紹介します。

思考の迷宮「パラドックス」

もともとは，哲学や論理学の分野で誕生した

正しくみえる前提や論理から，納得しがたい結論に行き着いてしまう問題。それが「パラドックス」です。

　パラドックスという考え方は，もともとは哲学や論理学の分野で誕生しました。現在でもこれらの分野では，研究者によってパラドックスの内容が議論されたり，新しいパラドックスが考案されたりしています。また，数学や物理学，天文学，経済学など，さまざまな分野の難問が，パラドックスとよばれることもあります。

哲学，数学，天文学，物理学のパラドックスを紹介

この本では，さまざまなパラドックスを，四つの分野にわけて紹介していきます。

　第1章では，哲学や論理学との関係が深いパラドックスを紹介していきます。第2章では，確率論や無限といった，数学との関係が深い分野のパラドックスを紹介します。第3章で登場するのは，天文学の分野で議論されてきたパラドックスです。そして第4章では，タイムトラベルのような，物理学に関するパラドックスについて解説します。

さまざまなパラドックス

下は，この本で紹介するパラドックスを，各章から一つずつ紹介したものです。第1章は哲学や論理学，第2章は数学，第3章は天文学，第4章は物理学の分野のパラドックスを紹介します。

論理パラドックスの例（第1章）

正直者の天使とうそつきの天使に，天国への道案内をさせるには？

数学のパラドックスの例（第2章）

4匹の子猫が生まれるとき，オスとメスが2匹ずつになる確率が高い？

宇宙のパラドックスの例（第3章）

宇宙のどこかには宇宙人がいそうなのに，みつからないのはなぜ？

物理学のパラドックスの例（第4章）

双子の兄は宇宙船で旅をし，弟は地球で待機。「時間の遅れ」で年下になるのはどっち？

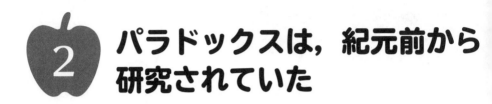

2 パラドックスは，紀元前から研究されていた

初期のパラドックスは，議論の手法の一部だった

　パラドックスの扉を開いたのは，古代ギリシアの哲学者でした。哲学のほか，論理学，数学などの発展とともに，さまざまな領域にまたがってパラドックスの基礎がつくられました。

　初期のパラドックスは，議論の手法であったようです。哲学者のゼノン（紀元前490ごろ〜前430ごろ）やエウブリデス（紀元前4世紀ごろ）は，設定した仮定からパラドックスを導くことで，その仮定の誤りを証明しようとしました。

天文学や物理学では，科学的な発見につながった

　時代が進み，自然科学が発展すると，天文学や物理学などにかかわるパラドックスがたくさん考えられるようになりました。こうした分野では，パラドックスの解決策を求めることで，新しい科学的な発見がなされ，結果的にパラドックスが解決されることもありました。

　パラドックスの受け入れがたい結論が，単に直感に反しているだけであって，実際には矛盾は含んでいない場合には，「擬似パラドックス」とよばれることもあります。

パラドックスの開拓者たち

古代ギリシアでパラドックスを考えた哲学者の代表として，ゼノンとエウブリデスを紹介します。

古代ギリシアの哲学者。イタリア南部の都市エレアの出身です。同じく古代ギリシアの同名の哲学者と区別するために，「エレアのゼノン」ともよばれます。議論の相手が主張していることを前提としつつ，そこから矛盾する結論をみちびきだして相手の主張を崩す論法を得意としました。いくつかのパラドックスを提示しており，それらは総称して「ゼノンのパラドックス」とよばれています。

ゼノン
（紀元前490ごろ〜前430ごろ）

古代ギリシアの哲学者。ギリシアとはエーゲ海をはさんだ対岸の都市ミレトスの出身です。七つのパラドックスを考案したとされています。そのうちの一つは，「なくしていないものはもっているはずである。あなたは角をなくしたことがない。つまりあなたは角をもっている」というものです。

エウブリデス
（紀元前4世紀ごろ）

パラドックスの語源って何？

　パラドックスという言葉は，英語では「paradox」と書きます。その語源は，ギリシア語です。ギリシア語で「反対」という意味の「para」と，ギリシア語で「定説」や「考え」という意味の「doxa」が組み合わさり，パラドックスという言葉が生まれました。

　パラドックスという言葉は，「矛盾」や「ジレンマ」といった言葉との区別があいまいなまま使われることも多いようです。矛盾とは，ものごとのつじつまが合わないこと，ジレンマとは，二つの選択肢のどちらを選んでも不都合がある状態のことです。論理の筋道は通っているようにみえるのに，矛盾やジレンマが発生していたら，パラドックスといえます。

　オーソドックスという言葉は，もともとはパラドックスの反意語でした。ギリシア語で「正規の」という意味の「ortho」と，「doxa」が組み合わさった言葉です。現在では，「正統派」などの意味で使われています。

1. 論理パラドックス

哲学や論理学との関係が深く，論理的な思考力が試されるパラドックスのことを，ここでは「論理パラドックス」とよぶことにします。第1章では，論理パラドックスの名作といえる，「囚人のジレンマ」「投票のパラドックス」「うそつきのパラドックス」を紹介しましょう。

①「黙秘」と「自白」, どちらを選べばいいの

銀行強盗をやった証拠はみつかっていない

　銀行強盗の容疑者2人が逮捕されました。2人は武器を不法に所持していたものの, 銀行強盗をやった決定的な証拠はみつかっていません。**2人を銀行強盗の罪で服役させるためには, 容疑者に自白させるしかありません。**しかし2人は, ともに黙秘をつづけています。

自分だけ自白なら, 自分は釈放される

　そこで取調官は, 2人を別々の取調室に連れていき, 一方の容疑者にこうもちかけました。

　「もしこのまま2人とも黙秘をつづければ, 証拠不十分で銀行強盗については立件できないだろう。その場合, 2人の刑期は武器の不法所持の罪で1年になるだろう。一方, もし2人ともみずからの強盗罪を自白すれば刑期は2人とも5年といったところだ。そこで一つ提案だが, もし共犯者が黙秘をつづけて, お前だけが2人で銀行強盗をやったと自白したとしよう。その場合はお前だけは釈放してやろう。そのかわり, 共犯者の刑期は10年になる」。

　そして取調官は, 同じ話を共犯者にももちかけることを容疑者に伝えました。「黙秘」と「自白」, どちらを選ぶべきでしょうか。

取り調べのようす

取調官が別々の取調室で，銀行強盗の容疑者2人に取引をもちかけているようすです。取調官は，左ページの話を容疑者にもちかけ，同じ話を共犯者にももちかけることを伝えました。それぞれの容疑者は，共犯者がどのような選択をするか，知ることができません。

黙秘と自白のどちらがよいか，悩んでしまうカメ。

― 囚人のジレンマ ―

2 どちらがよいのか，判断できない！

2人にとって最も得なのは，2人とも黙秘

　前のページの状況に置かれた2人の容疑者にとって最も得なのは，おたがいに黙秘をつづけて刑期を2人とも1年にすることです。しかし，共犯者が仮に裏切って自白したとしたら，共犯者だけが釈放され，自分は10年の刑期となってしまいます。それをおそれて両者がともに自白した場合，刑期は2人とも5年となります。

黙秘も自白も，選択する理由づけができる

　これは，容疑者に自白か黙秘かをせまる「囚人のジレンマ」として知られているパラドックスです。1950年にアメリカの数学者のアルバート・タッカー（1905 〜 1995）によって考案されたものです。

　囚人のジレンマの状況は，黙秘か自白，どちらを選択するにしても論理的にまちがっていない理由づけができてしまいます。そのため，どちらを選択するのがほんとうに合理的なのか判断がつかないのです。考案から60年以上たった現在でも，黙秘と自白のどちらがよいかについて，研究者の間で統一した見解がない，真のパラドックスです。

それぞれの選択と刑期

容疑者も共犯者も黙秘なら，2人とも刑期は1年となります。容疑者も共犯者も自白なら，2人とも刑期は5年です。容疑者が黙秘して共犯者が自白した場合，共犯者は釈放されて，容疑者の刑期が10年となります。逆に，容疑者が自白して共犯者が黙秘した場合，共犯者の刑期が10年となり，容疑者は釈放されます。

		共犯者	
		黙　秘	自　白
容疑者	黙秘	共犯者：刑期1年 容疑者：刑期1年	共犯者：釈放 容疑者：刑期10年
	自白	共犯者：刑期10年 容疑者：釈放	共犯者：刑期5年 容疑者：刑期5年

共犯者の選択次第で，
黙秘と自白のどちらが得か，
変わってしまうのじゃ。

21

3 カードゲームで，囚人の ジレンマを考えよう

「協力」か「裏切り」かの，かけ引きをするゲーム

　前のページで紹介した囚人のジレンマは，単純な損得のほかにも，道徳観がからんできます。そこで，似たような状況を，「協力と裏切りのゲーム」で考えてみましょう。このゲームは，「協力」か「裏切り」かの，かけ引きをするカードゲームです。**自分と相手のたがいの手元には，協力と裏切りの2枚のカードがあり，合図と同時にどちらかのカードをテーブルに出します。**そして出されたカードの組み合わせに応じて，ゲームの主催者から賞金を受け取ります。

両者とも協力を出せば，3万円ずつもらえる

　カードの組み合わせと賞金の関係は，次のようなものです。
　①両者ともに協力を出した場合，両者には主催者から3万円ずつあたえられます。②両者とも裏切りを出した場合，両者には主催者から1万円ずつあたえられます。③一方が協力，他方が裏切りを出した場合，裏切りを出したほうには5万円があたえられ，協力を出したほうには1円もあたえられません。
　協力と裏切り，どちらのカードを出すべきでしょうか。

協力と裏切りのゲーム

自分も相手も協力のカードを出したら，3万円ずつもらえます。自分が協力，相手が裏切りの場合は，自分は賞金がゼロで，相手は5万円をもらえます。自分が裏切り，相手が協力の場合は，自分は5万円をもらえ，相手の賞金はゼロです。自分も相手も裏切りの場合は，賞金は1万円ずつとなります。

カードの組み合わせと賞金

		相手	
		協　力	裏切り
自分	協力	相手：3万円 自分：3万円	相手：5万円 自分：0円
	裏切り	相手：0円 自分：5万円	相手：1万円 自分：1万円

4 裏切りもいいし，協力もいい

最高賞金は，裏切りを出す場合だけもらえる

もしかしたら，あなたは裏切りを出すのがよいと考えるかもしれません。 このゲームの最高賞金である5万円を手に入れられるのは，相手が協力を出し，自分が裏切りを出す場合だけです。相手が協力を出してきた場合，自分が協力を出すなら3万円ですが，裏切りなら5万円をもらえます。それならば，より高額を手に入れられる裏切りを出

裏切りも協力も合理的

裏切りのカードを出すべきと考えられる理由を，左ページの回答Aに示しました。逆に協力を出すべきと考えられる理由を，右ページの回答Bで示しました。協力と裏切り，どちらのカードを出すにしても，合理的な理由をそれぞれ考えることができます。

回答A：裏切りを出すべき

相手が協力なら，最高額の5万円を得ることができます。

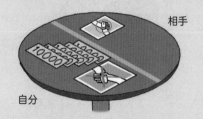

相手が裏切りでも，1万円は得られます。

すほうが得策です。それに，相手が裏切りを出してきた場合，自分が協力を出したら1円ももらえません。しかし，自分が裏切りを出していれば，1万円は獲得できます。

2人とも協力を出せば，賞金の合計が最大となる

ところが，以下のように考えることもできます。裏切りを出すのが得策なら，相手も同じことを考えて裏切りを出してくるでしょう。すると，両者ともに1万円ずつしか得られません。しかし，自分も相手も協力を出せば，両者とも3万円ずつもらえます。この場合，賞金の合計金額は6万円になり，プレーヤー全体の利益が最大になります。
協力と裏切り，どちらも合理的な得策になり得るのです。

回答B：協力を出すべき
相手が協力なら，たがいに3万円を得ます。合計金額は6万円で最大となります。

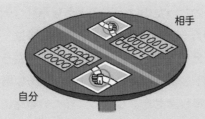

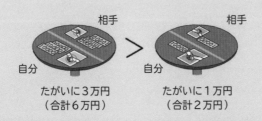

たがいに3万円 （合計6万円）	たがいに1万円 （合計2万円）

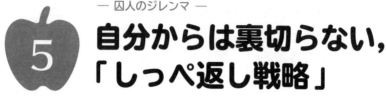

5 自分からは裏切らない，「しっぺ返し戦略」

コンピューターどうしで戦わせてみた

　前のページで紹介した協力と裏切りのゲームを，1回だけではなく，何度もくりかえし行うとします。最終的に自分がより多くの賞金を得るには，どんな戦略がいいのでしょうか。

　1984年，アメリカで，このくりかえしの協力と裏切りのゲームを，コンピューターどうしで戦わせるコンテストが開かれました。**経済学や政治学，心理学などの専門家が，独自の戦略をとるコンピュータープログラムをつくり，どんな戦略が最も高額の賞金を得ることができるのかをきそったのです。**

相手が裏切ってきたら，自分も次の回で裏切る

　その結果，最も有効だったのは，次のような単純な戦略でした。**まず，はじめは協力のカードを出します。2回目以降は，前の回で相手が裏切ってきたら自分も裏切り，相手が協力してきたら自分も次の回は協力します。**この「しっぺがえし戦略」は，どんな場合でもつねに最強というわけではありません。しかし，多くの戦略に対して有効な方法であるとされています。

しっぺ返し戦略

協力と裏切りのカードゲームで有効な，しっぺ返し戦略をイラストでえがきました。1回目で自分は協力のカードを出します。2回目以降は，直前の回で相手が協力を出してきたら自分も協力を出します。直前の回で相手が裏切りを出してきた場合には，自分も裏切りを出します。

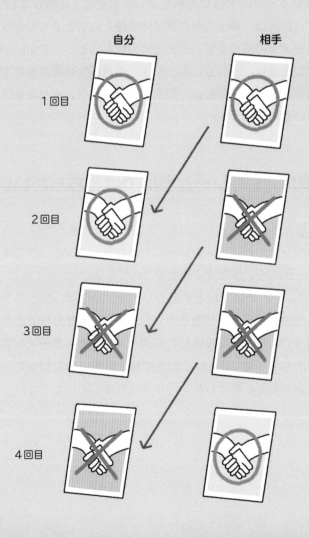

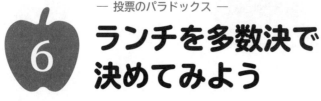

6 ランチを多数決で決めてみよう

投票のやり方によっては，不合理な結果となる

　私たちはグループ間で何か物事を決めるときに，しばしば「投票」を行います。投票は，集団の意思決定の手段としてとてもわかりやすく，合理的なように思えます。民主主義の代名詞といってもいいでしょう。しかし投票は，やり方によっては，不合理な結果がおきてしまうことがあります。ここからは，投票に関するパラドックスをいくつか紹介していきましょう。

最初の投票は，「カレーとそばではどちらがいいか」

　ある日，3人の友人A，B，Cが，ランチを何にするか話し合っていました。ランチの候補は，カレー，そば，ラーメンの三つです。そこで3人は，民主的に多数決で決めることにしました。
　まず，「カレーとそばではどちらがいいか」で投票したところ，カレー1票，そば2票でそばが勝ちました。次に「勝者のそばとラーメンではどちらがいいか」で投票した結果，そば1票，ラーメン2票でラーメンが勝ちました。3人はこの多数決の結果にしたがって，ラーメン屋でランチを楽しみました。何か問題があるでしょうか。

勝ち抜き方式の多数決

まず，カレーとそばの2択で投票すると，カレー1票，そば2票でそばが勝ちました。勝者のそばとラーメンの投票では，そば1票，ラーメン2票でラーメンが勝ちました。結果，最終的な勝者はラーメンということになりました。

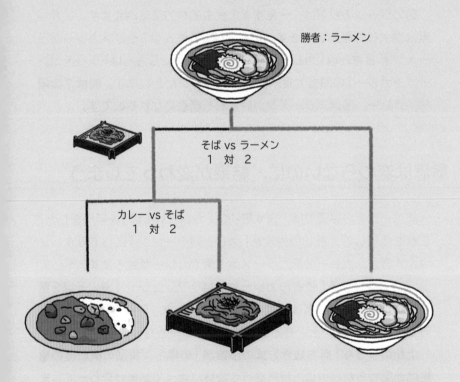

勝者：ラーメン

そば vs ラーメン
1 対 2

カレー vs そば
1 対 2

やったー！　ラーメン食べたかった！

7 多数決の落とし穴！ 投票の順番で順位が変わる

カレーもそばもラーメンも，勝者になれる

　前のページの投票は，一見すると民主的な方法にみえます。しかし実は重大な問題があります。たとえば，Aさんは「そば＞カレー＞ラーメン」，Bさんは「カレー＞ラーメン＞そば」，Cさんは「ラーメン＞そば＞カレー」の順番で食べたいと思っていたとします。実はこの場合，カレー，そば，ラーメン，いずれも勝者になれるのです。

意思は変わらないのに，結果が変わってしまう

　前ページでの投票では，まず最初に「カレー対そば」を行いました。これを変更して，最初の対決を「カレー対ラーメン」にしてみましょう。すると，カレー2票，ラーメン1票でカレーが勝ちます。そしてつづいて行われる「勝者のカレー対そば」で，カレー1票，そば2票となり，最終的な勝者はそばとなります。一方，最初の対決を「そば対ラーメン」にすると，最終的な勝者はカレーとなります。

　上記のような「勝ち抜き方式の多数決」の場合，集団の構成員の意思はか変わらないのに，投票を行う順番によって結果が変わってしまうことがあるのです。

そばもカレーも勝てる

A，B，Cの3人はそれぞれ，カレー，そば，ラーメンを，下の表のような順位で食べたいと思っているとします。この場合，最初の対決の組み合わせ次第で，最終的な勝者が変わります。3人の考えはかわらないのに，そばもカレーも勝者になれます。

お昼に食べたいものの順位づけ

選ぶ人 ＼ 選択肢	カレー	そば	ラーメン
A	2	1	3
B	1	3	2
C	3	2	1

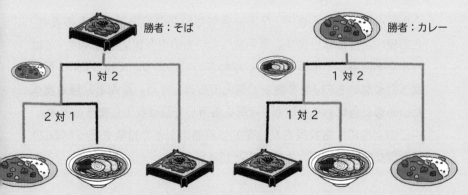

最初に「カレー対ラーメン」の場合

勝者：そば

1 対 2

2 対 1

最初に「そば対ラーメン」の場合

勝者：カレー

1 対 2

1 対 2

8 最も食べたくないものが、1位になることも

最も食べたいもの1位は、そば

前のページでは、投票の順番によって多数決の勝者が変わってしまう例を紹介しました。**一方、多数決では、最も良いと判断されるものが、最も悪いと判断されるものと同じになってしまう例もあります。**

7人の友人A、B、C、D、E、F、Gが、ランチを何にするか話し合っています。候補は、カレー、そば、ラーメンの三つです。そこで、7人それぞれの「最も食べたいもの」について、多数決をとりました。すると、そばが3票、カレーが2票、ラーメンが2票で、最も支持を集めたのは、そばでした。

最も食べたくないもの1位も、そば

AさんからGさんまで、7人の食べたいものの順序をまとめると、右の表のようになります。最も食べたいものの多数決を行えば、そばが3票を獲得して選ばれることがわかるでしょう。では次に、「最も食べたくないもの」を多数決で選んでみましょう。**なんと、最も食べたいものに選ばれたそばが、4票を獲得して選ばれてしまうのです。**

このように、各投票者が合理的な判断のもとで投票を行ったのに、不合理な投票結果が発生することがあります。

7人の食べたいものの順序

7人の食べたいものの順序を，下の表に示しました。多数決をとると，「最も食べたいもの」で選ばれるそばが，「最も食べたくないもの」でも選ばれてしまいます。

選択肢 / 選ぶ人	そば	カレー	ラーメン
A	1	2	3
B	1	2	3
C	1	3	2
D	3	1	2
E	3	1	2
F	3	2	1
G	3	2	1

最も食べたいものの多数派は，
3票を獲得するそば

勝者

最も食べたくないものの多数派も，
4票を獲得するそば

敗者

多数決で合理的に決めたはずなのに，そばを食べることになってがっかりする人が4人もいるカメ。

9

「全員うそつき」という発言の パラドックス

実はエピメニデス自身も，クレタ島民だった

　古代ギリシアの預言者エピメニデス（生没年不詳）が，次のような発言をしたといういい伝えがあります。

　「すべてのクレタ島民は，うそつきである」。

　ここで問題となるのは，実はエピメニデス自身もクレタ島民であるということです。

発言がほんとうなら，エピメニデスもうそつき

　エピメニデスの発言がほんとうで，クレタ島民は全員うそつきであるとしましょう。すると，クレタ島民であるエピメニデスもうそつきということになります。しかし，「すべてのクレタ島民は，うそつきである」という発言は，うそつきのエピメニデスがしたものです。うそつきのエピメニデスが発言したのならば，エピメニデスの発言はうそになってしまいます。つまり，はじめにエピメニデスの発言がほんとうだとしたことと，矛盾してしまいます。

エピメニデスの発言の矛盾

エピメニデスの発言を，順を追って考えていくと，矛盾が生じることに気づきます。矛盾に気づくまでの思考の流れを，フローチャート（流れ図）にあらわしました。

前提：エピメニデスは，クレタ島民である

発言：すべてのクレタ島民はうそつきである。

エピメニデス
（生没年不詳）

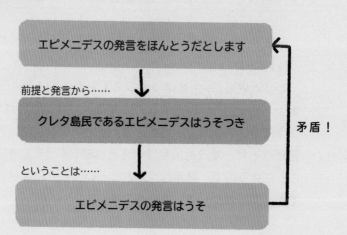

エピメニデスの発言をほんとうだとします

前提と発言から……

クレタ島民であるエピメニデスはうそつき

ということは……

エピメニデスの発言はうそ

矛盾！

10 エピメニデスの発言は，ほんとうなのか，うそなのか

発言がうそだとしても，矛盾が発生

　今度は，前のページで紹介したエピメニデスの発言が，うそだとしましょう。それはつまり，「クレタ島民は，必ずしも全員うそつきであるとは限らない」ということです。クレタ島民が必ずしも全員うそつきであるとは限らないということは，クレタ島民であるエピメニデスも，正直者である可能性があるということになります。**するとやはり，最初にエピメニデスの発言がうそだとしたことと，矛盾する可能性があることになってしまいます。**

いずれにしても，矛盾が生じてしまう

　結局，クレタ島民はうそつきなのでしょうか。それとも正直者なのでしょうか。

　もっと単純に，「私はうそつきである」という発言を考えてみましょう。この発言がほんとうだとすると，私は申告通り「うそつき」ということになるので，発言はうそということになります。逆にこの発言がうそだとすると，私は申告とは逆に「うそつきではない」ということになるので，発言はほんとうということになります。**いずれにしても，矛盾が生じてしまうのです。**

「私はうそつき」の矛盾

「私はうそつきである」という発言の矛盾に気づくまでの思考の流れを，フローチャート（流れ図）にあらわしました。左下は発言がほんとうだとした場合の思考の流れ，右下は発言がうそだとした場合の思考の流れです。

私はうそつきである

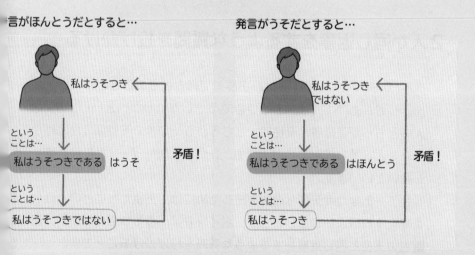

言がほんとうだとすると…

私はうそつき
ということは…
私はうそつきである　はうそ
ということは…
私はうそつきではない

矛盾！

発言がうそだとすると…

私はうそつきではない
ということは…
私はうそつきである　はほんとう
ということは…
私はうそつき

矛盾！

11 うそつき天使と正直天使から，天国への道を聞く

分岐点にいる２人の天使に，１回だけ質問できる

いまあなたが，死んで天国へ行く道をさがして歩いているとします。あなたは，道が二手に別れている分岐点にやってきました。道のどちらかは天国に，どちらかは地獄に通じています。しかし，どちらが天国行きの道かはわかりません。

分岐点には，２人の天使がいます。この天使たちは，天国に通じる道を知っています。あなたは，天国への道がどちらなのかを知るために，その天使たちに１回だけ質問することができます。

２人が同じ返事をするような質問を投げかける

２人の天使のうちの１人は，正直者でほんとうのことしかいいません。しかしもう１人は，うそつきでうそしかいわないといいます。２人のどちらが正直者の天使で，どちらがうそつきの天使なのかはわかりません。そしてどちらの天使も，「イエス」か「ノー」としか返事をしないといいます。

さて，あなたが天国への道を知るためには，天使たちにどのような質問をすればよいのでしょうか。ポイントは，うそつきの天使が，正直者の天使と同じ返事をするような質問を投げかけることです。

天国と地獄の分岐点

イラストは，天国と地獄の分岐点のイメージです。分岐点でこ
ちらを向いて立っているが，正直者とうそつきの2人の天使で
す。1回だけ，2人の天使に質問することができます。

「この道が天国に通じる道ですか？」
では，だめだぞ。

39

12 うそつき天使は, 何が何でもうそをつく

「イエスと答えますか」と問いかける

前ページの問題の正解を紹介しましょう。あなたはどちらかの道を指さし，天使たちに向かって，「『この道が天国に通じる道か』という質問に対して，あなたはイエスと答えますか」と問いかければいいのです。

この問いかけに対して，もし指さした道が天国に通じていたら，正

うそつき天使のうその答

1. 指さした道が天国に通じていた場合

あなた：
「『この道が天国に通じる道か』
という質問に対して，
あなたはイエスと答えますか？」

うそつき天使：
「ノー」(イエスと答えないですよ)
→真実を語ることになります

うそつき天使：
「イエス」(イエスと答えますよ)
→うそをついたことになります

うそつき天使はうそしかいわないので，

うそつき天使：
「イエス」(正直者の天使と同じ答！)

直者の天使は「イエス」と答えます。そしてうそつきの天使も，「イエス」と答えます。

うそつき天使は，「イエス」と答えざるをえない

　うそつきの天使は，常にうその答を答えなければいけません。問いかけに「ノー」と答えてしまったら，「イエスと答えません」という意味の，ほんとうの答になってしまいます。うその答を答えるには，「イエス」と答える必要があるのです。

　もし指さした道が地獄に通じていても，同じ理由から，正直者の天使もうそつきの天使も「ノー」と答えます。こうしてあなたは，迷うことなく天国への道を知ることができるのです。

2. 指さした道が地獄に通じていた場合

天国　　　　　　　地獄

ノー　　　　　　　ノー

正直者　　　　　　うそつき
天使　　　　　　　天使

あなた：
　「『この道が天国に通じる道か』
　という質問に対して，
　あなたはイエスと答えますか？」

うそつき天使：
　「イエス」（イエスと答えますよ）
　→真実を語ることになります

うそつき天使：
　「ノー」（イエスと答えないですよ）
　→うそをついたことになります

うそつき天使はうそしかいわないので，

うそつき天使：
　「ノー」（正直者の天使と同じ答！）

13 父の機転で，人食いワニから子供を救え！

ワニの行動を予測できたら，子供は返される

ある日，父親とその子供が川にボート遊びに来ていました。子供がボートから降りて川で泳いでいると，そこに人食いワニがあらわれました。そして人食いワニは，父親にこう告げました。「**おれがこれから何をするか予測できたら，子供を無事に返してやろう。ただし予測できなかったら子供を食う**」。そこで父親はしばらく考えて，こう答えました。「お前はその子を食うだろう」。

ワニは，身動きがとれなくなった

この父親の答えを聞いたワニが，「その通り！」といって子供を食べようとしたとします。すると，これは父親の予測通りということになり，ワニは子供を返さなくてはなりません。それに気づいたワニが，「やっぱり子供を返そう」といったとします。その場合，これは父親の予測が外れているので子供を返せなくなってしまいます。**こうしてワニは，食べようと思えば返さないといけなくなり，返そうと思えば食べなければならなくなり，身動きがとれなくなってしまったのです。**

この話は，イギリスの数学者で論理学者のルイス・キャロル（1832 ～ 1898）が創作したものです。

ワニがおちいったジレンマ

自分の行動を予測できたら子供を返すという人食いワニに対して，父親は「お前はその子を食うだろう」と答えました。イラストの下段に，ワニが子供を食べようとした場合の結果と，ワニが子供を返そうとした場合の結果をえがきました。

お前はその子を食うだろう

ワニが子供を食べようとすると…

食べようとします。

父親の予想通りなので，
返さないといけなくなります。

ワニが子供を返そうとすると…

返そうとします。

父親の予測が外れているので，
食べなければならなくなります。

ワニは口を開けるのが苦手

大きな口で獲物をおそって食べるワニ。ワニの噛む力は, 動物界で最強クラスです。大型の個体の噛む力は, 1平方センチメートルあたり数百キログラムに達するともいわれています。

ところが意外なことに, ワニが口を開ける力は, それほど強いわけではないようです。テレビのニュースなどで, 捕獲されたワニが口にビニールテープを巻きつけられて, 口を開けられなくなっているのを見たことがある人もいるのではないでしょうか。海外の自然公園では, カニが小型のワニの閉じた口をハサミではさんで, 撃退するようすが撮影されています。

とはいっても, ワニが口を開ける力が弱いというのは, 噛む力と比較したときの話です。大型のワニともなれば, 成人男性数人がかりで, やっと口を拘束することができます。ワニの大きな口は, けっしてだてではありません。

テセウスの船って何？

 「テセウスの船」というパラドックスを, 知っておるかの？

 知りません。どういう話ですか？

 昔, テセウスという英雄がいて, 英雄が乗った船は大切に保存されていたんじゃ。でもやがて, 古い木の板が腐ってしまった。それで, どうしたと思うかね？

 うーん, 修理したんですか？

 うむ。新しい木の板と交換して修理したんじゃ。じゃが, 時がたつにつれて, ほかの木の板もくさっていった。そのたびに交換をくりかえしていたら, 最終的にすべてが新しい木の板に入れかわってしまった。さて, 新しい木の板でできた船は, 元の船と同じといえるのじゃろうか。

 えー！ それはもう別の船ですね。

 答は, 船の何に着目するかでかわってくるんじゃ。船の材料か, テセウスが乗ったかどうか, 誰がつくったのかなどじゃな。

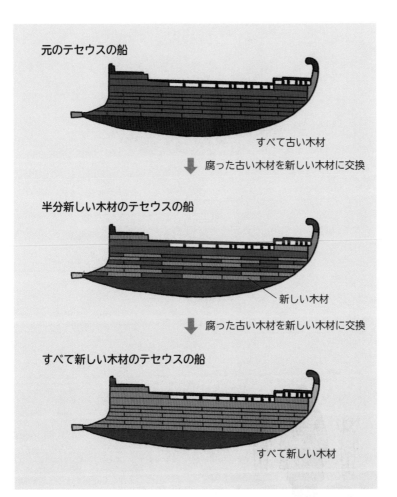

元のテセウスの船

すべて古い木材

⬇ 腐った古い木材を新しい木材に交換

半分新しい木材のテセウスの船

新しい木材

⬇ 腐った古い木材を新しい木材に交換

すべて新しい木材のテセウスの船

すべて新しい木材

2.数学の パラドックス

パラドックスには，数学の分野に関係が深いものがたくさんあります。ここではそのようなパラドックスを「数学のパラドックス」とよぶことにしましょう。第2章では，代表的な数学のパラドックスである，「確率のパラドックス」と「無限のパラドックス」を紹介しましょう。

① オス猫とメス猫は, 何匹ずつ生まれてくるのか

オスとメスが生まれたら, 部屋をわけたい

　家で飼っている猫から, 4匹の子猫が生まれるとしましょう。もし, オスとメスの両方が生まれたら, あなたはオス子猫用とメス子猫用の二つの部屋を用意するつもりです。それぞれの部屋をどのくらいの大きさにするのかを考えなければならないあなたにとって, オス猫とメス猫が何匹ずつ生まれてくるのかは, とても気になるところです。

1匹の猫の性別は, オスもメスも $\frac{1}{2}$ の確率

　生まれてきた子猫たちのオスとメスの組み合わせとしては, 「すべてがオス(メス)」「3匹がオス(メス)で1匹がメス(オス)」「オスとメスが2匹ずつ」というパターンがありえます。

　1匹の猫がオスとして生まれる確率, そしてメスとして生まれる確率はともに $\frac{1}{2}$ です。このことから, あなたはこう考えるのではないでしょうか。「オスとメスが1:1の比率で生まれてくるというパターンが, 最もおきそうなパターンではないだろうか。つまり, 4匹の子猫のうち, オス猫が2匹, メス猫が2匹ずつ生まれてくる可能性が高い」。はたして, この直感は当たっているのでしょうか。

直感的には1：1

4匹の子猫が生まれてくるとして，子猫の性別の割合が1：1となる状況をえがきました。1：1になるのは，オス2匹，メス2匹の場合です。

メス　オス

きっと，オス猫とメス猫は，2匹ずつ生まれてくる確率が高いはず！

2 4匹の子猫の性別の割合は，1：1になりづらい

オスとメスが1：1で生まれてくる確率は，$\frac{6}{16}$

4匹の子猫をそれぞれA，B，C，Dと名づけ，それぞれがオスである可能性，メスである可能性について，すべての組み合わせを表に書きだしてみましょう。1匹の子猫について，オスかメスかの2通りの可能性があり，子猫は4匹いるので，全部で2^4通り，すなわち16通りの組み合わせがあります。

表をみればわかるように，オスとメスが1：1で生まれてくる組み合わせは6通りあります。すべての組み合わせ16通りのうち，1：1の組み合わせ6通りがおきうる確率は，$\frac{6}{16}$です。

3：1の割合で生まれてくる確率のほうが高い

一方，オスとメス（またはメスとオス）が3：1で生まれてくる組み合わせは，8通りあります。つまり，この組み合わせがおきる確率は，$\frac{8}{16}$です。

直感に反して，オスとメスが1：1で生まれてくる確率よりも，オスとメス（またはメスとオス）が3：1の割合で生まれてくる確率のほうが高くなるのです。

オスとメスの組み合わせ

4匹の子猫A，B，C，Dの性別が，どのような組み合わせになるかをイラストにあらわしました。最も多い組み合わせは，オスとメス（またはメスとオス）が3：1で生まれてくる組み合わせで，8通りです。

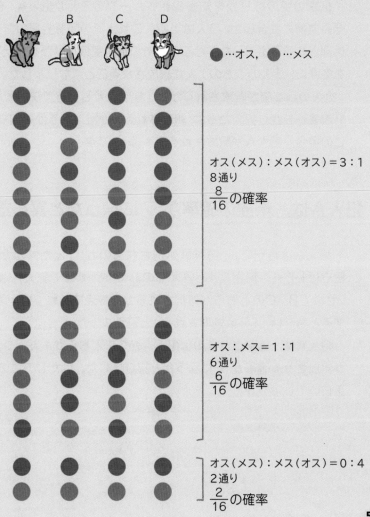

●…オス，　●…メス

オス（メス）：メス（オス）＝3：1
8通り
$\frac{8}{16}$の確率

オス：メス＝1：1
6通り
$\frac{6}{16}$の確率

オス（メス）：メス（オス）＝0：4
2通り
$\frac{2}{16}$の確率

3 看守の情報から，囚人保釈の確率を考えてみよう！

3人のうち2人が処刑，1人が釈放

伝説の宝のありかを知る犯罪グループの3人の犯人A，B，Cが，全員逮捕されました。3人は当初，これまでの凶悪犯罪の罪で，全員処刑される予定でした。ところがその後，宝のありかを白状することを条件に，3人のうちの1人が釈放されることになりました。

3人のうち誰が釈放されるかは，すでにくじ引きで決めてあるといいます。しかし犯人たちは，釈放されるのが誰であるかを知りません。この場合，犯人Aが釈放される確率は $\frac{1}{3}$ です。

犯人Aは，釈放の確率が $\frac{1}{2}$ になったと喜んだ

犯人Aは看守に，「おれは処刑されるのか？」とたずねたものの，看守は「それは秘密だ」と答えるのみです。そこで犯人Aは看守に，「せめてB，Cのどちらが処刑されるかを教えてくれ」といいました。すると看守は，「Bは処刑される」と答えました。

犯人Aは，処刑されるのは犯人AかCのどちらか1人，つまり自分が釈放される確率が $\frac{1}{2}$ になったと喜びました。はたしてこの解釈は，正しいでしょうか。

犯人Aに対する看守の答え

犯人Aに対する看守の答のパターンを，円グラフにまとめました。Aが釈放されることが決まっている場合，看守が「Bが処刑される」というか「Cが処刑される」というかは，$\frac{1}{2}$の確率です。B（C）が釈放される場合，看守は必ず「C（B）が処刑される」といいます。

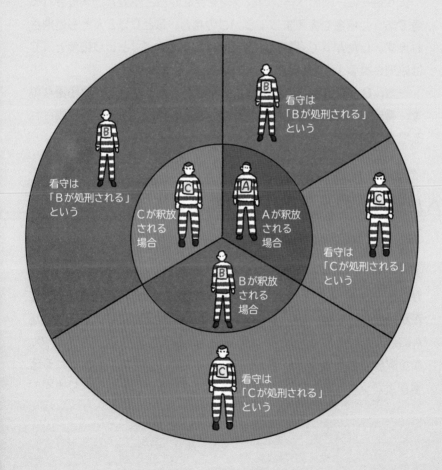

看守は
「Bが処刑される」
という

看守は
「Bが処刑される」
という

C が釈放
される
場合

A が釈放
される
場合

看守は
「Cが処刑される」
という

B が釈放
される
場合

看守は
「Cが処刑される」
という

4 囚人のぬか喜び。釈放の確率は変化しない

Aが処刑されるかどうかは，Aには秘密

まず最初に，前のページのグラフを見ながら，犯人Aが釈放される身であった場合を考えましょう。この場合，BとCは2人とも処刑されます。したがって，看守がAに「Bは処刑される」という確率と，「Cは処刑される」という確率は，$\frac{1}{2}$ずつとみなせます。

一方，Bが釈放される場合は，Aが処刑されるかどうかは秘密なので，看守は「Cが処刑される」としか答えられません。Cが釈放される場合も同様に，看守は「Bが処刑される」としか答えられません。

Aが釈放される確率は，依然として $\frac{1}{3}$

さて，看守はAに，「Bが処刑される」といいました。今度は，前のページのグラフと右のグラフをくらべてください。看守がAに「Bが処刑される」と教えるパターンは，Cが釈放される場合のすべてと，Aが釈放される場合の半分であることがわかります。つまり，看守がAに「Bが処刑される」といった場合，Cが釈放される確率が $\frac{2}{3}$ で，Aが釈放される確率は依然として $\frac{1}{3}$ しかないのです。釈放される確率が上がったと喜んだのは，ぬか喜びだったということになります。

答が「Bが処刑」の場合

前のページの円グラフから，看守が「Bが処刑される」という
場合を抜きだしたものです。Cが釈放される確率が $\frac{2}{3}$，Aが
釈放される確率が $\frac{1}{3}$ です。

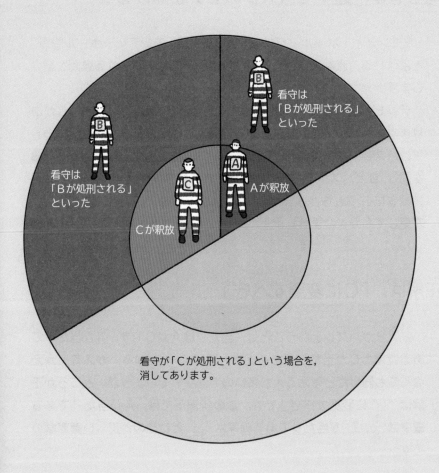

看守は
「Bが処刑される」
といった

看守は
「Bが処刑される」
といった

Aが釈放

Cが釈放

看守が「Cが処刑される」という場合を，
消してあります。

5 三つのうち，一つが正解。開けるドアを変えるべき？

司会者が，途中でハズレのドアを開ける

「モンティ・ホール・ジレンマ」あるいは「モンティ・ホール問題」とよばれる，直感ではとくに理解しづらいことで知られる難問を紹介します。

テレビ番組に出演した挑戦者の前には，3枚のドアA，B，Cがあります。どれか一つのドアの後ろに豪華な賞品があり，残り二つのドアはハズレです。挑戦者がたとえばドアAを選ぶと，司会者がドアBを開け，Bがハズレであることを挑戦者に見せます。そして司会者は，挑戦者にこうもちかけます。「Aのままでも結構。でも，ここでCに変更してもかまいませんよ」。

正解は，「Cに変更すべき」

ドアBがハズレということは，当たりはAかCです。Aが当たりである確率もCが当たりである確率も同じく $\frac{1}{2}$ だから，かえてもかえなくても同じだと考える人が多いのではないでしょうか。ところが正解は，「Cに変更すべき」です。この状況下では，Aが当たりである確率は $\frac{1}{3}$，Cが当たりである確率は $\frac{2}{3}$，というのが正しい確率なのです。

AとCの当たりの確率

3枚のドアがあり，どれか1枚が当たりです。挑戦者がAのドアを選ぶと，司会者がドアBを開き，「ハズレ」であると見せました。このとき，「Aが当たりである確率」と「Cが当たりである確率」を計算すると，下の円グラフのように，Aは$\frac{1}{3}$，Cは$\frac{2}{3}$となります。

状況1：挑戦者がドアAを選ぶ

状況2：司会者がドアBを開く（ドアCを残す）

状況2において，「Aが当たりである確率」と「Cが当たりである確率」を計算すると？

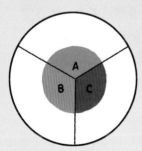

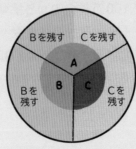

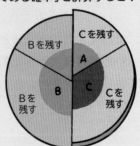

状況1では，「Aが当たり」，「Bが当たり」，「Cが当たり」の確率はどれも3分の1。

司会者がどのドアを残すかを考えます。「Aが当たり」ならBかCを残します。「Bが当たり」なら必ずBを，「Cが当たり」なら必ずCを残します。

状況2で，実際にはCが残されました。この状況で「Aが当たり」なのは3分の1で，「Cが当たり」なのは3分の2です。

— 確率のパラドックス —

ドアを変えた方が，当たりの確率が上がる！

ドアの数を，5枚にふやして考えてみよう

　前ページの説明では，何だか釈然としないかもしれません。そこで，今度はドアの数を3枚から5枚にふやした場合を考えてみましょう。

　ドアA〜Eのうち，1枚が当たりです。挑戦者がドアAを選ぶと，司会者はドアB，C，Dを次々に開いて見せ，それらがすべてハズレであることを挑戦者に教えます。このとき，最初に選んだAのままが有利か，あるいは開かれずに残ったEに変更した方が有利か，という問題です。こうなると，「A以外の当たりの可能性が，Eに濃縮された」と感じた人もいるのではないでしょうか。

99万9999枚の中から，1枚だけ残されたドア

　話をもっと極端にして，ドアの数を100万枚にふやして考えてみましょう。この場合，「100万枚の中から挑戦者が当てずっぽうで選んだ1枚のドア」と，「挑戦者が選ばなかった99万9999枚の中から司会者によって1枚だけ残されたドア」の二者択一ということになります。これなら，後者の確率のほうが高いと感じられるのではないでしょうか。

ドアが5枚の場合

ドアを5枚にふやした場合の考え方は，下の円グラフのように
なります。当たりのドアを知っている司会者がEを残した状況
では，Aが当たりの確率は$\frac{1}{5}$，Eが当たりの確率は$\frac{4}{5}$です。

状況1：挑戦者がドアAを選ぶ

状況2：司会者がドアB，C，Dを開く（ドアEを残す）

?

状況2において，
「Aが当たりである確率」と
「Eが当たりである確率」を
計算すると？

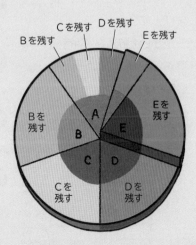

61

7 回数が1回ふえるごとに，賞金が2倍になるコインゲーム

1回目が裏で，2回目に表が出たら賞金2倍

　次のようなゲームを，1回行うことを考えてみましょう。コインを，表が出るまで投げつづけます。1回目で表が出たら，1円がもらえます。1回目が裏で2回目に表が出たら2円，2回目まで裏で3回目に表が出たら4円…，というように，表が出るまでの回数が1回ふえるごとに，賞金が倍になっていきます。

コインゲーム

左ページにえがいたのは，コインゲームのルールです。表が出るまでの回数が1回ふえるごとに，賞金が倍になります。
右ページにえがいたのは，期待値の求め方です。トランプゲームを具体例にしています。

コインゲームのルール

1回目に表が出る ……………………1円

オモテ

2倍

2回目に表が出る ……………………2円

ウラ　オモテ

2倍

3回目に表が出る ……………………4円

ウラ　ウラ　オモテ

2倍

4回目に表が出る ……………………8円

ウラ　ウラ　ウラ　オモテ

参加費がいくらなら，挑戦したほうがいいのか

　さて，このゲームには参加費が必要です。参加費がいくらなら挑戦してみようと思うでしょうか。通常，そのギャンブルが有利か不利かを判断する際には，「期待値」というものを求めます。期待値とは，確率的に期待される数値（金額）という意味です。

　たとえば，トランプの1〜13のカードが裏返してあり，1枚選んで，その数字の金額がもらえるゲームがあるとしましょう。**このときの期待値は，「賞金×確率」の計算をすべてのカードに対して行い，それらを足し合わせることで，7と求められます。**よって，参加費が7円未満なら，ゲームに参加した方が得策です。参加費が期待値を下まわるなら，参加するのが得策ということになります。

期待値の求め方

裏返されたトランプの1〜13のカードの中から1枚選び，選んだカードの数字の金額がもらえるという，トランプゲームの期待値を求めてみましょう。このゲームの期待値は，「賞金×確率」の計算をすべてのカードに対して行い，それらを足し合わせたものです。計算すると，期待値は7となります。

ード
賞金　確率

$1 \times \frac{1}{13}$　$2 \times \frac{1}{13}$　$3 \times \frac{1}{13}$　$4 \times \frac{1}{13}$　$5 \times \frac{1}{13}$　$6 \times \frac{1}{13}$　$7 \times \frac{1}{13}$　$8 \times \frac{1}{13}$　$9 \times \frac{1}{13}$　$10 \times \frac{1}{13}$　$11 \times \frac{1}{13}$　$12 \times \frac{1}{13}$　$13 \times \frac{1}{13}$

$\frac{1}{13} + \frac{2}{13} + \frac{3}{13} + \frac{4}{13} + \frac{5}{13} + \frac{6}{13} + \frac{7}{13} + \frac{8}{13} + \frac{9}{13} + \frac{10}{13} + \frac{11}{13} + \frac{12}{13} + \frac{13}{13}$

$$= 7$$

8 コインゲームの期待値は、無限大になる！

確率的に期待される賞金額は、無限大

　前のページのコインゲームの期待値を求めてみましょう。すると右ページのように、期待値は何と無限大になります。これは、確率的に期待される賞金額が、無限大というです。**いいかえると、たとえ参加費が1兆円だったとしても、あなたはこのゲームに挑戦する価値があるということになるのです。**

多くの場合、賞金が高額になる前に表が出る

　コインゲームの期待値が無限大となる計算は、まちがってはいません。しかし1兆円を払ってまで、このゲームに参加したいと思うでしょうか。多くの場合、賞金が高額になる前に表が出ることになりそうです。たとえば10回目にはじめて表が出る確率は$\frac{1}{1024}$であり、賞金はたかだか512円にすぎません。

　それに、期待値が無限大ということは、賞金に上限がなく、胴元が無限大の賞金を用意できることが前提です。胴元に無限の支払能力があれば、確かに期待値は無限大になります。しかしそれは、現実的には不可能です。

コインゲームの期待値

コインゲームの期待値は,「賞金×確率」の計算を, おきうる すべての場合について行い, 足し合わせることで求められます。 n 回目にはじめて表が出る場合の賞金額は 2^{n-1}, その場合の確率は $\left(\frac{1}{2}\right)^n$ です。期待値を計算すると, 無限大となります。

$$1 \times \frac{1}{2} + 2 \times \frac{1}{4} + 4 \times \frac{1}{8} + \cdots\cdots 2^{n-1} \times \left(\frac{1}{2}\right)^n + \cdots\cdots$$

$$= \frac{1}{2} + \frac{1}{2} + \frac{1}{2} + \frac{1}{2} + \frac{1}{2} + \cdots\cdots = \infty \ (\text{無限大})$$

期待値はなんと無限大‼

参加費がたとえ1兆円でもこのゲームに挑戦する価値がある!?
(サンクトペテルブルクのパラドックス)

だけど実際に期待値が無限大になるのは, 賞金も無限にある場合だけ。賞金の上限が1億円のとき, 期待値は14円にしかならないんじゃ……。

名前が思い出せないパラドックス

「あの人，名前なんだっけ…。近所でパン屋さんをやってて，やさしい感じの雰囲気の…」なんて経験をしたことはないでしょうか。ある人について，容姿や人がら，職業や趣味などは思い浮かぶのに，肝心の名前が出てこないという状況は，だれしも1度は経験したことがあると思います。

　これは，「ベイカーベイカーパラドックス（パン屋のベイカーのパラドックス）」とよばれている心理現象です。その人がパン屋（ベイカー）という職業であることは思い出せるのに，ベイカーという名前が思い出せない，というジョークから名づけられました。この現象は，人の個人名が，ほかの情報と関連づけづらいためにおきると考えられています。

　人の名前は，そもそも覚えるのがむずかしいものです。記憶力を競う大会では，制限時間内以内に人の顔と名前を記憶するという種目もあるそうです。

9 ゼノン「アキレスは, カメに追いつけない！」

ギリシア神話の俊足の英雄, アキレス

　　紀元前4世紀の古代ギリシアの哲学者アリストテレス（紀元前384〜前322）は, 著書『自然学』の中で, いくつかのパラドックスを紹介しています。それらは, もともとは紀元前5世紀の哲学者ゼノン（紀元前490ごろ〜前430ごろ）がのべたもので, 「ゼノンのパラドックス」とよばれています。その中でも, 「アキレスとカメ」は非常に有

10秒後のアキレスとカメ

アキレスは, 100メートル先のカメを追いかけます。上段のイラストは, スタート時のアキレスとカメの位置関係です。下段のイラストは, 10秒後のアキレスとカメの位置関係です。

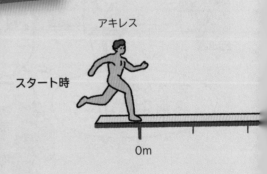

アキレス

スタート時

0m

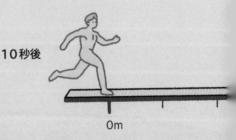

10秒後

0m

名です。それは，ギリシア神話に登場する俊足の英雄アキレスが，彼の前をゆっくり進むカメに永遠に追いつけない，というものです。

10秒後，カメはアキレスの10メートル先

　アキレスの100メートル前方に，カメがいます。アキレスは，100メートルを10秒で走るとします。一方，カメは，秒速1メートルで進むとします。アキレスの足ならば，10秒後にはカメのスタート地点まで到達できます。しかしその10秒間で，カメは10メートル先に進みます。したがって，10秒後にアキレスがカメのいた100メートル地点に着いたときには，カメはアキレスの10メートル先にいることになります。このあと，どうなるのでしょうか？

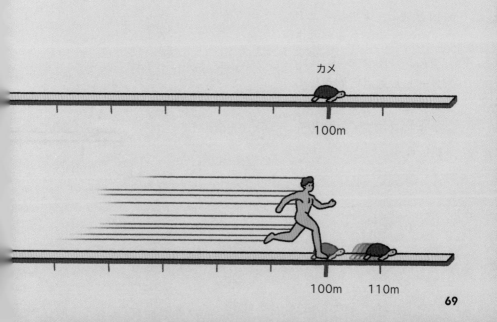

カメ

100m

100m　110m

69

10 無限個の足し算は、必ずしも無限にならない

アキレスがカメに追いつけないわけがない

　前ページのつづきです。スタートから10秒後、カメはアキレスの10メートル先にいます。その10メートル先へは、アキレスは1秒後にたどり着きます。しかし、その1秒間でカメはさらに1メートル先へ進みます。**このように考えると、アキレスがカメに追いつこうとしても、つねにカメは先へ進んでおり、いつまでたってもカメに追いつけない**

11秒後のアキレスとかめ

11秒後の、アキレスとカメの位置関係をえがきました。アキレスは、110メートル地点に到着しています。一方、カメは、アキレスの1メートル先にいます。

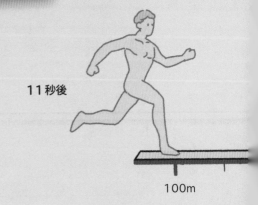

11秒後

100m

ことになりそうです。しかし俊足のアキレスが,のろまなカメに追いつけないわけがありません。いったい,どこが問題なのでしょうか。

11秒と少しでカメに追いつける

　実はアキレスは,11秒と少しあとには,カメに追いつきます。アキレスがカメを追いかけて走る時間は,「10+1+0.1+0.01+…」という無限個の数の足し算であらわされます。この足し算を計算すると,答が「11.11…」になるのです。無限個の数の足し算の答が,無限大にならずに一定の数に収まることを,「収束」といいます。**この疑似パラドックスは,無限個の数を足し算すると答は無限大になるにちがいない,という誤解によって生じているのです。**

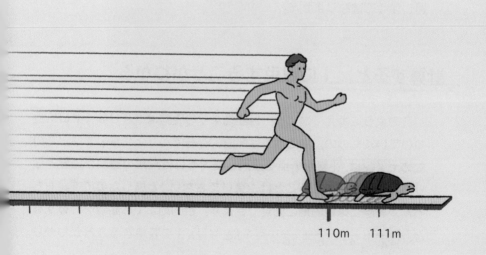

110m　　111m

実は,11秒と少しで追いつかれるカメ……。

11 ゼノン「どんなに進んでも，目的地につけない！」

目的地までの中間地点を，次々に設定できる

「ゼノンのパラドックス」の一つに，「目的地には到達できない」（二分法）というものがあります。これは，前ページの「アキレスとカメ」と同様の内容を，別のたとえにかえたものといえます。

ある人が目的地に到達するためには，まず目的地までの中間地点を通過する必要があります。中間地点を通過しても，そこから目的地までには，また中間地点が設定でき，そこも通過しなくてはなりません。さらにそこから目的地までには，また中間地点が設定でき，そこも通過しなくてはなりません。

計算すると，1に収束することがわかる

このように考えていくと，目的地までの距離はかぎりなくゼロに近づいていくものの，中間地点は無限に存在することになります。このためゼノンは，「無限の点を通過し終えるには無限の時間が必要となり，目的地に到達することは永久にできない」と論じたのです。もちろん，実際には目的地に到達できます。目的地までの距離を計算すると，「$\frac{1}{2} + \frac{1}{4} + \frac{1}{8} + \frac{1}{16} \cdots = 1$」となり，1に収束することがわかります。

中間地点は無限に存在

目的地に到達するには，第1中間地点を通過する必要があります。さらに，第1中間地点から目的地までの中間にある，第2中間地点も通過する必用があります。これを次々に考えたものが，下のイラストです。中間地点ごとに，人をえがいています。

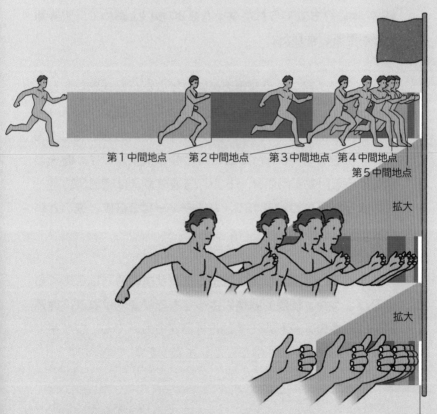

目的地
（ゴール）

第1中間地点　　第2中間地点　　第3中間地点　　第4中間地点

第5中間地点

拡大

拡大

残りの距離はかぎりなく
ゼロに近づくものの，
決してゼロにはなりません

73

38年ぶり世界新記録！ 最速のカメ

　「ウサギとカメ」の寓話にあるように，カメはのろまの象徴として語られます。では，カメは一体どのくらいのスピードで走れるのでしょうか。2015年，イギリスのリクガメが，1977年に打ち立てられたタイムを20秒以上縮めて，世界新記録を更新しました。

　「パーティー」，これが世界最速タイムをたたき出したカメの名前です。パーティーは，18フィート（5.48メートル）の少し傾斜のあるコースを，19.59秒でかけぬけました。100メートル走なら，6分台でゴールとなるタイムです。時速に換算すると，約1キロメートル。普通のカメは時速320メートルほどだといわれるので，パーティーは3倍ほど速いということになります。

　ところで，寓話でカメと競争したウサギの速さはどのくらいでしょうか。種類や固体による差もありますけれど，時速60〜80キロメートルです。世界最速のカメでも，ウサギが昼寝してくれないと，歯が立たなさそうです。

12 満室の無限ホテルに，1部屋の空きをつくる

ある日，無限ホテルは満室だった

ドイツの数学者であるダフィット・ヒルベルト（1862 〜 1943）は，無限の客室がある「無限ホテル」という，奇妙なホテルのパラドックスを考えました。

ある日，無限ホテルには無限の客が泊まっており，満室でした。そこへ，1人の客がやってきました。 ほかに泊まれるホテルがないので，どうしてもこの無限ホテルに泊まりたいのだといいます。

無限の客が部屋を移ったので，1号室が空いた

そこで，ホテルのオーナーは，次のような対応をしました。宿泊客全員に，今の自分の部屋番号よりも一つ大きな部屋番号の部屋に，移ってもらったのです。**その結果，1号室の客が2号室へ，2号室の客は3号室へ……と無限の客が部屋を移ったので，1号室が空きました。** やってきた客は，そこへ無事に泊まることができました。

満室にもう1人泊める方法

満室の無限ホテルに，新たな客が1人やってきました。すべての宿泊客に，今の部屋よりも部屋番号が一つ大きな部屋に移ってもらうことで，1号室が空きます。こうして新しい宿泊客は，1号室に泊まることができました（イラスト下段）。

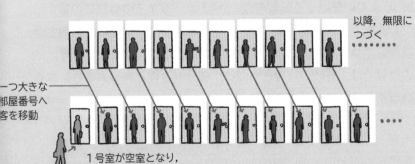

以降，無限につづく・・・・・・・

一つ大きな部屋番号へ客を移動

1号室が空室となり，新たに1人泊まれる

13 満室の無限ホテルに，無限の客が泊ることができる

奇数番号の無限の部屋が空く

前ページからのつづきです。この日さらに，満室の無限ホテルに，無限の客がやってきました。すでに無限の客が宿泊しています。新たな客を泊めることなど，できるでしょうか。するとホテルのオーナーは，宿泊客全員に，自分の部屋番号を2倍した数の番号の部屋に移ってもらいました。1号室の客は2号室へ，2号室の客は4号室へ……。これで，すでにいる宿泊客は偶数番号の部屋へ移ることになり，奇数番号の無限の部屋が空きます。やってきた無限の客は，そこへ無事に泊まることができました。この論理は，はたして正しいでしょうか？

無限がもつ，直観に反した性質

実はこの話は，数学的に正しいのです。無限がもつ，直観に反した性質によって生じる，疑似パラドックスです。有限の世界では，たとえば10までに登場する偶数の数（5個）は，10までの自然数の数（10個）よりも，当然少なくなります。しかし無限の世界では，偶数全体と自然数全体が1対1に対応し，集団の大きさが同じになります。無限の世界では，有限の世界とちがい，部分が全体と同じ大きさになるという不思議なことがおきるのです。

満室に無限の客を追加可能

満室の無限ホテルに，さらに無限の客がやってきました（イラスト上段）。宿泊客全員が，自分の部屋番号を2倍した部屋番号に移ると，奇数番号の部屋がすべて空き部屋になります。奇数番号の部屋は無限にあるので，あらたにやってきた無限の客も泊まることができます（イラスト下段）。

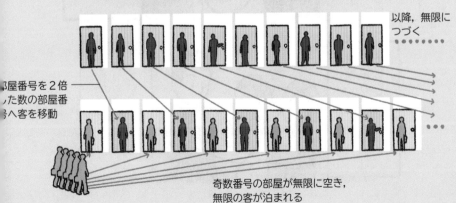

以降，無限につづく・・・・・・・

部屋番号を2倍した数の部屋番号へ客を移動

奇数番号の部屋が無限に空き，無限の客が泊まれる

テレビ司会者のもう一つの顔

アメリカのテレビ番組「レッツ メイク ア ディール」の司会者 モンティ・ホール（1921〜2017）

2013年、エミー賞を受賞

彼にとってテレビはお金を集める手段だった

どうしましたか？何かお手伝いしましょうか？

彼がテレビよりも大事にしていたのが慈善活動

若いころの経験が彼の人生を変えた

三つのことを条件に大学の学費をかわりに払おう。

三つの条件
・よい成績を維持
・支援者の名を明かさない
・恩送り※をする

それから彼はいつも恩送りをしていた

生涯で10億ドル（約1000億円）近い寄付をしたという

　※：恩送りとは，だれかから受けた恩を，その人に返すのではなく，別の人に送ることです。

数学界をリードしたヒルベルト

ダフィット・ヒルベルト
（1862〜1943）

ドイツで生まれた
「現代数学の父」

それぞれの分野で
多数の著作を発表

5〜10年ごとに
数学のさまざまな分野の
研究に取り組んだ

$$x\left(y\frac{dz}{dt} - z\frac{dy}{dt}\right) + Y\left(z\frac{dx}{dt} - x\frac{dx}{dt}\right) + Z\left(x\frac{dy}{dt}\right) = 0$$

いまだに解決していない
問題もある

1900年、
パリの国際数学者会議で
23の問題をかかげ
20世紀の数学の
方向性を示した

ナチスによって
多くの同僚が大学を
追われるなど
晩年は不遇だったという

1943年、
81歳で亡くなる

Newton別冊「絵でわかるパラドックス大百科 増補第2版」好評発売中!!

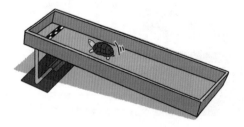

3. 宇宙の パラドックス

自然科学が発展する過程で，その時点では解決がむずかしい難問がみつかり，パラドックスとよばれることがあります。天文学の分野のそのようなパラドックスを，ここでは「宇宙のパラドックス」とよぶことにします。第3章では，宇宙のパラドックスのなかから，多くの科学者を悩ませた「オルバースのパラドックス」と「フェルミのパラドックス」を紹介しましょう。

1 オルバース「なぜ宇宙は, こんなに暗いんだ！」

星で埋めつくされた, 輝く宇宙が見えるはず

　人類は, 天文学の発展にともない, 宇宙の姿を少しずつ解き明かしてきました。その過程で, 宇宙は無限に広く, 星の数は無限で, 宇宙に一様に分布しているのだろうと考えられるようになりました。

　宇宙に星が無限に存在するのであれば, 私たちの視線の先には, 必ず明るく輝く星があるはずです。つまり, どの方向を見ても, まばゆい星々で埋めつくされた, 明るく輝く宇宙が見えるはずだと考えられたのです。

実際の夜空は, 10兆分の1程度の明るさしかない

　「夜空は本来, 明るいはずだ」といわれても, 実際の夜空は暗く, 決して明るくありません。夜空が星で埋めつくされていると考えた場合の, 10兆分の1程度の明るさしかありません。科学者たちは, この矛盾を長い間解決することができませんでした。この矛盾は, ドイツの天文学者のハインリヒ・オルバース（1758 ～ 1840）の名前をとって, 「オルバースのパラドックス」とよばれています。オルバースは, 矛盾の解決に取り組んだ, 科学者の1人です。

オルバースのパラドックス

夜空のある領域を，地球からの距離ごとにわけて，模式的にえがきました。星の明るさは，距離の2乗に反比例して弱くなります。しかし星の数は，距離の2乗に比例して多くなります。このため，夜空は明るくみえるはずだと考えられました。

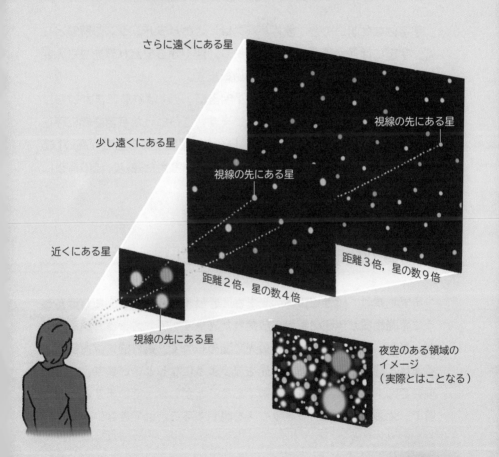

さらに遠くにある星

少し遠くにある星

視線の先にある星

視線の先にある星

近くにある星

距離3倍，星の数9倍

距離2倍，星の数4倍

視線の先にある星

夜空のある領域の
イメージ
（実際とはことなる）

どうして夜空は暗いのカメ。

2 オルバース「光をさえぎる 何かが宇宙にある！」

宇宙空間には，ガスやちりがある

宇宙はなぜ暗いのか。オルバースは，このパラドックスの解答として，宇宙には何か不透明なものがあり，星々から放たれる光をさえぎっているのではないかと考えたといいます。

宇宙空間には，希薄なガスや，「宇宙塵」とよばれるこまかいちりがあることが，現在では知られています。こういった宇宙空間に存在する物質のことを「星間物質」といいます。星間物質の密度が高い「暗黒星雲」とよばれる領域では，オルバースが考えた通り，その背後にある星から放たれた光がさえぎられます。

星間物質で説明することはできない

星間物質は，確かに天体の光をさえぎります。しかし，もしほんとうに星間物質が無限の星から放たれた光をすべてさえぎっているのだとしたら，星間物質がそれらの光で温められて，最終的には背後にある天体と同じ程度の明るさの光を放つようになるといいます。さらに現在では，宇宙は基本的に希薄であることがわかっています。星間物質で，オルバースのパラドックスを説明することはできないのです。

オルバースの考えた答

オルバースの考えた，星間物質の密度の高い領域が，背後にある無限の星からの光をすべてさえぎるイメージをえがきました。もしこのイメージが正しければ，星間物質の温度が上昇し，星間物質自身が太陽のように明るく輝くと考えられます。実際とはことなります。

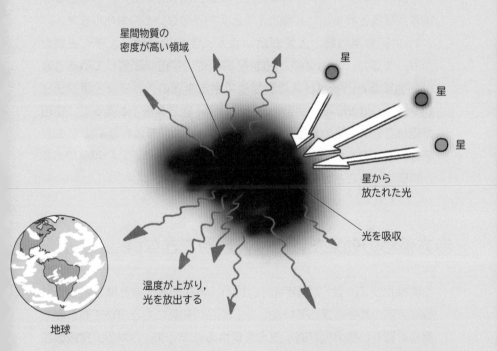

星間物質の
密度が高い領域

星

星

星

星から
放たれた光

光を吸収

温度が上がり，
光を放出する

地球

宇宙のちりも，高温になると星のように光るのか！

― オルバースのパラドックス ―

3 科学者たちの，まじめな珍回答

宇宙の膨張が，宇宙が暗い原因と説明した

　オルバースのパラドックスに対しては，時代とともに，さまざまな解答が提案されました。今考えると突拍子のないものもあります。

　19世紀後半以降，人類が思いえがく宇宙の姿は，大きくさまがわりしました。**そんな中，20世紀前半に，宇宙が膨張していることが判明すると，イギリスの数学者で宇宙学者のヘルマン・ボンディ（1919 ～ 2005）は，宇宙の膨張による「赤方偏移」によって，宇宙が暗いことを説明できると発表しました（右のイラストの4）。**この説明は，現代でもオルバースのパラドックスに対する正しい解答であると誤解されることがあります。

赤方偏移の効果だけでは，説明できない

　実はボンディは「定常宇宙」という，現在の考え方とはことなる特殊な宇宙の姿を仮定していました。現在の知見にもとづいても，赤方偏移は確かに星の光が暗く見える理由の一つです。**しかし，実際の宇宙で赤方偏移の効果だけを考えても，夜空が星で埋めつくされていると考えた場合の，半分程度の明るさにしかなりません。**

科学者たちのさまざまな答

オルバースのパラドックスに対する，科学者たちが考えたさまざまな解答をえがきました。しかし，残念ながら，ここで示した解答の中に，正解はありません。

1．星が一直線に並んでいるから

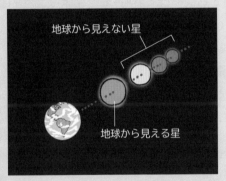

地球から見えない星

地球から見える星

1907年，当時の知見ではこう考えるしかないと，冗談で提案されました。宇宙が，このように整然としていることはあり得ません。

2．エーテルがない領域があるから

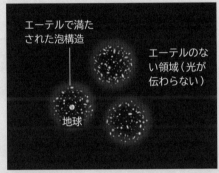

エーテルで満たされた泡構造

エーテルのない領域（光が伝わらない）

地球

19世紀後半まで，光は，「エーテル」という媒質の中を伝わると考えられていました。しかしエーテルの存在は，その後否定されました。

3．星の数はそもそも有限だから

もし星の数が有限なら，星々は引力によっていずれ1か所に集まってしまうはずだと考えられたため，否定されました。

4．空間が膨張して光が見えなくなったから

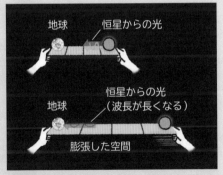

地球　　恒星からの光

地球　　恒星からの光（波長が長くなる）

膨張した空間

「赤方偏移」とは，光が地球に届くまでに，光の波長が空間の膨張とともに引き伸ばされることです。赤方偏移によって，遠くの星からの光が，目に見えない赤外線や電波になります。

4 観測できる星の数は限られている

トムソンは現代の宇宙論に近い宇宙の姿を想像

　オルバースのパラドックスを解決する説明は，1901年，イギリスの物理学者のウィリアム・トムソン（ケルビン卿，1824〜1907）によってなされたのが最初だと考えられています。**トムソンは，宇宙に星が無限に存在したとしても，星に寿命があり，見える宇宙の範囲も限られているので，宇宙が暗いのだと説明していたといいます。**

パラドックスの解決

　オルバースたちが考えた宇宙の姿と，現代の宇宙論にもとづいた宇宙の姿をえがきました。オルバースたちが考えた宇宙では，恒星は過去から輝きつづけています。一方，実際の宇宙では，観測できる範囲に限りがあるとともに，星には寿命があるため，地球に光が届かない場合があります。

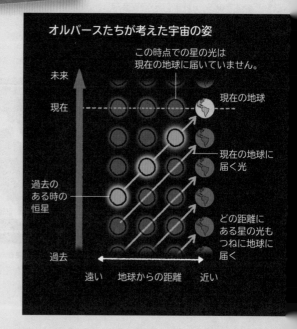

オルバースたちが考えた宇宙の姿

この時点での星の光は
現在の地球に届いていません。

未来

現在 ── 現在の地球

過去の
ある時の ──
恒星

現在の地球に
届く光

どの距離に
ある星の光も
つねに地球に
届く

過去

遠い　地球からの距離　近い

見通せる宇宙の広さに限界がある

　現在では，宇宙にははじまりがあり，宇宙は約138億年前に誕生したと考えられています。**私たちが目にできるのは，138億年という宇宙の歴史の中で，光が約138億年かけて届く範囲にある天体の光だけなのです。**

　私たちが観測できる範囲の外側にも，宇宙空間はさらに広がっていると考えられています。しかしそういった場所からの光は，私たちにはまだ届いていないので見えません。また，恒星は，永遠に輝きつづけているわけではなく，いずれは燃え尽きます。

　これらの要素を考慮して，宇宙の明るさを計算すると，現実の宇宙の明るさを非常によく説明できるといいます。

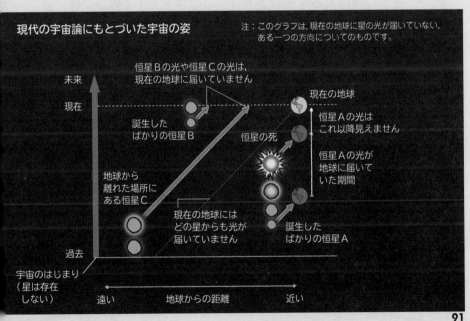

現代の宇宙論にもとづいた宇宙の姿

注：このグラフは，現在の地球に星の光が届いていない，ある一つの方向についてのものです。

未来

現在

恒星Bの光や恒星Cの光は，現在の地球に届いていません

誕生したばかりの恒星B

地球から離れた場所にある恒星C

現在の地球

恒星Aの光はこれ以降見えません

恒星の死

恒星Aの光が地球に届いていた期間

現在の地球にはどの星からも光が届いていません

誕生したばかりの恒星A

過去

宇宙のはじまり（星は存在しない）

遠い　　地球からの距離　　近い

マルハナバチのパラドックス

ロシアの作曲家のニコライ・リムスキー＝コルサコフ（1844 〜 1908）が作曲した曲に，『熊蜂の飛行』というものがあります。**曲名の通り，ハチが飛びまわるようすが鮮明に思い浮かぶ曲です。**英語のタイトルは，『Flight of the Bumblebee』です。邦題では熊蜂とされていますけれど，Bumblebeeはマルハナバチです。

かつてマルハナバチやクマバチは，「航空力学的に，飛ぶことはできないはずなのに飛べている」と考えられていました。彼らの体は丸みを帯びており，この体を支えて飛ぶには，羽が小さすぎると考えられていたのです。**飛べる理由があまりにもわからなかったため，「飛べると信じているから飛べるのだ」といわれていたほどです。**

科学の進歩とともに，マルハナバチたちが飛べる理由も解明されました。**彼らは，羽のはばたきで空気の渦をつくりだし，それを上手につかんで飛んでいるのです。**これは，飛行機が空を飛ぶのとは，まったくちがう原理です。

5 フェルミ「宇宙人は, いったいどこにいるのか！」

現在までに，地球外文明との接触の証拠は皆無

　宇宙には膨大な数の星があることから，地球以外に知的文明があってもいいはずです。そしてそのうちのいくつかは，地球に到達していてもおかしくありません。**それなのに，現在までに地球外文明との接触の証拠は皆無です。**イタリアの物理学者のエンリコ・フェルミ（1901〜1954）が，1950年に指摘したこの矛盾は，「フェルミのパラドックス」とよばれます。

電波などによる通信は，可能かもしれない

　このパラドックスには，さまざまな解釈があります。たとえば，地球以外に知的生命は存在しないという解釈があります。それから，知的生命は存在するものの，地球からあまりにはなれているので到達できていないだけだという解釈もあります。

　知的生命が存在する場合，知的生命が恒星間旅行をすることが不可能でも，電波などによる通信は可能かもしれません。**私たちが調べることができるのは，観測能力の関係から，ごくごく近傍の星々だけです。**そこで，宇宙全体ではなく，私たちの銀河系に的をしぼって，この問題を考えていきましょう。

遠くの星からきた宇宙船

今のところ，地球人以外に知的生命は見当たりません。しかしも
しかすると，宇宙人は地球人の存在を知っていて，あえて接触し
てこないだけなのかもしれません。イラストは，はるか遠くの星
からきた宇宙船が，地球人の様子をうかがっている想像図です。

6 天の川銀河に，知的な文明は10個くらい

銀河系の通信可能な地球外文明の数を求める式

1961年，アメリカの天文学者のフランク・ドレイク（1930～　）は，銀河系に存在する通信可能な地球外文明の数を求めようと，次のような「ドレイクの方程式」を考案しました。

$$N = R^* \times f_p \times n_e \times f_l \times f_i \times f_c \times L$$

「N」は，通信可能な地球外文明の数です。「R^*」は，銀河系で1年間に生まれる恒星の数です。「f_p」は，惑星をもつ恒星系の割合です。「n_e」は，恒星系の「ハビタブルゾーン」にある，惑星数の平均値です。ハビタブルゾーンは，惑星の表面に液体の水が存在できる，生命居住可能領域のことです。「f_l」は，惑星で生命が誕生する割合です。「f_i」は，誕生した生命が知的生命体まで進化する割合です。「f_c」は，知的生命体が惑星間通信を行う割合です。「L」は，惑星外通信を行う文明が何年もつかという存続期間です。

式の後半の数値には，何の根拠もない

ドレイクが数値をあてはめて計算すると，「N=10」となりました。この結果は，地球が孤独な存在ではないことを示す一方で，地球の希少さを実感させます。ただしこの数字が妥当かどうかは，意見が分かれるところです。なぜなら，式の後半の数値に関しては，何の根拠もないからです。

ドレイクの方程式と試算

銀河系には2000億個もの恒星があるといわれています。ドレイクは，銀河系に通信可能な知的文明がいくつあるのかを推定するドレイクの方程式を考案し，下の式のように試算しました。ドレイクの試算によれば，銀河系に知的文明は10個という結果になります。

ドレイクの方程式

ハビタブルゾーンにある惑星で
生命が誕生する割合

通信可能な
地球外文明の数

惑星をもつ
恒星系の割合

知的生命体が惑星間
通信を行う割合

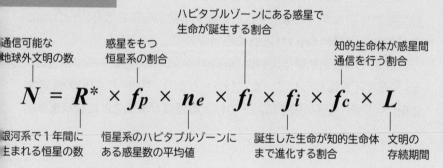

$$N = R^* \times f_p \times n_e \times f_l \times f_i \times f_c \times L$$

銀河系で1年間に
生まれる恒星の数

恒星系のハビタブルゾーンに
ある惑星数の平均値

誕生した生命が知的生命体
まで進化する割合

文明の
存続期間

ドレイクがあてはめた数値

ハビタブルゾーンにある惑星で
生命が誕生する割合：100％

惑星をもつ
恒星系の割合：50％

知的生命体が惑星間
通信を行う割合：1％

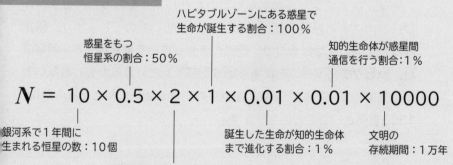

$$N = 10 \times 0.5 \times 2 \times 1 \times 0.01 \times 0.01 \times 10000$$

銀河系で1年間に
生まれる恒星の数：10個

誕生した生命が知的生命体
まで進化する割合：1％

文明の
存続期間：1万年

恒星系のハビタブルゾーンに
ある惑星数の平均値：2個

7 地球似の惑星は，続々と発見されている

銀河系の1300億個の恒星に，一つ以上の惑星

　文明が築かれているかどうかは考えないとして，銀河系に地球に似た惑星がどれだけあるのか，最近の研究成果を紹介しましょう。

　私たちの住む銀河系にある恒星の数は，約2000億個にものぼると推定されています。では，それらの膨大な数の恒星のうち，一つ以上の惑星をもつ割合（fp）はどれくらいなのでしょうか。

　これまでの観測結果によれば，恒星が一つ以上の惑星をもつ割合は，65％程度と見積もられています（$fp = 0.65$）。つまり，2000億個×0.65 ＝1300億個の恒星に，一つ以上の惑星があることになります。

銀河系には，地球に似た惑星が1300億個ある

　では，ある恒星が惑星をもっていたとして，そのうちハビタブルゾーン内にある惑星の数（n_e）はいくつぐらいなのでしょうか。確定的なことはいえないものの，恒星のまわりにある惑星のうち1個程度は，ハビタブルゾーン内にある地球型惑星だといえるかもしれないといいます（$n_e = 1$）。つまり，銀河系内にある地球に似た惑星の数は，1300億個ということになります。

ハビタブルゾーン

ハビタブルゾーンは，恒星の温度によってかわります。恒星の温度は，恒星の質量によって決まります。イラストでは，質量が太陽の0.1倍から1.3倍までの恒星のまわりのハビタブルゾーンをえがきました。

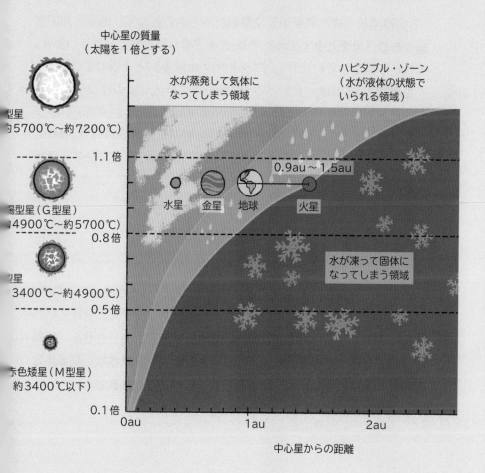

注：auは，「天文単位」という長さの単位で，1auは約1億5000万キロメートルです。
　　この距離は，地球と太陽の平均距離に由来します。

8 宇宙人探しは，真剣に行われている

1960年に，世界初の地球外知的生命探査

1960年代以降，世界の天文学者たちを中心として，地球外知的生命からの信号をとらえようとする，さまざまな試みが行われています。それらは総称して「SETI（地球外知的生命探査）」とよばれています。

世界初のSETIは，ドレイクが1960年にアメリカのグリーンバンクの電波望遠鏡を使って行った，「オズマ計画」です。オズマ計画から現在に至るまで，多くの場合，電波の観測によるSETIが行われてきました。日本では，2005年から兵庫県立西はりま天文台で，可視光線の観測による「OSETI（光学的SETI）」が行われています。

信号を検出することは，簡単ではない

これまで，正体不明の信号が検出された例はいくつかあるものの，地球外知的生命からの信号と断定された例はありません。地球外知的生命からの信号を検出することは，簡単なことではありません。しかし，もしかすると明日，宇宙人からの信号がキャッチされ，フェルミのパラドックスが，パラドックスでなくなるかもしれません。

信号を待つ電波望遠鏡

イラストは，地球外知的生命からの信号をとらえようとしている，電波望遠鏡のイメージです。現在までに，宇宙人からの信号がとらえられたことはありません。

天文学で功績を残した医師

1758年、ドイツのブレーメンでハインリヒ・オルバースは誕生した

医師になるために勉強し大学を卒業。1781年に開業医に

ところが……

毎晩のように天体観測に没頭

そして

さまざまな天体を発見!

1802年
小惑星パラス

1805年
小惑星ベスタ

1815年
周期彗星13P/Olbers

これらの功績をたたえて

オルバーシア(小惑星)
オルバース
　　(月のクレーター)
オルバース・レジオ
(ベスタの特定地域)

オルバースの名が小惑星やクレーターにつけられている

原子力を生んだ天才物理学者

のちに「中性子の魔術師」とよばれる天才である

1901年、イタリアのローマでエンリコ・フェルミが誕生した

イタリア ローマ

37歳でノーベル物理学賞を受賞

ノーベル賞

20代半ばローマの大学教授に

マンハッタン計画に参加。世界初の原子炉を完成させる

世界初原子炉

1938年、夫人がユダヤ人だったためアメリカに亡命

病床でも、点滴のしずくが落ちる間隔を測定。熱心な研究者だった

1954年、がんにより死去

4. 物理学の
パラドックス

物理学との関係が深いパラドックスのことを，ここでは「物理学のパラドックス」とよぶことにします。第4章では，物理学のパラドックスのうち，時間や空間，重力をとりあつかう「相対性理論」に関連する「双子のパラドックス」と，タイムトラベルが生みだす「タイムパラドックス」を紹介しましょう。

― 双子のパラドックス ―

光速に近づくほど，時間の進みは遅くなる

アインシュタインは，常識的な考えをくつがえした

17世紀後半，イギリスの天才科学者のアイザック・ニュートン（1643 ～ 1727）は，「絶対時間」と「絶対空間」という考え方を提唱しました。絶対時間と絶対空間は，だれにとっても1秒は1秒，1メートルは1メートルという考え方です。この常識的な考え方を根本的にくつがえしたのが，ドイツの物理学者のアルバート・アインシュタイン（1879 ～ 1955）です。

時間や空間は，見る立場によってことなる

アインシュタインは，1905年に発表した「特殊相対性理論」で，時間の進み方と物や空間の長さは，見る立場によって変わりうると指摘しました。つまり時間と空間は，ニュートンが考えたように絶対的なものではなく，相対的なものであるというのです。

たとえば，宇宙船の外のアリスのもったストップウォッチの1秒と，宇宙船の中のボブのもったストップウォッチの1秒を比較すると，故障でもないのに，一致しないことがありえるといいます（右のイラスト）。また，ボブが1メートルだと主張する物体をアリスが見ると，1メートルではないということがありえるといいます。

伸び縮みする時間と空間

宇宙船の外にいるアリスから見ると，高速で進む宇宙船内のボブのストップウォッチは，ゆっくり進んでいます。また，アリスから見ると，ボブの体を含めた宇宙船内のあらゆる物の長さが，進行方向に縮みます。

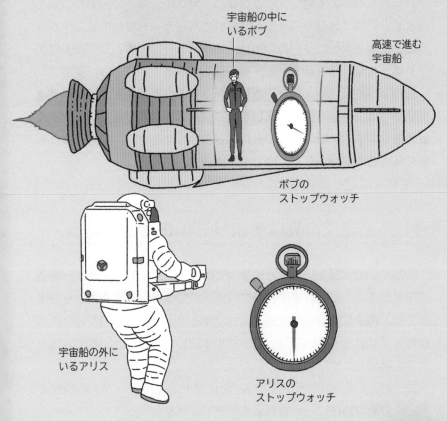

宇宙船の中に
いるボブ

高速で進む
宇宙船

ボブの
ストップウォッチ

宇宙船の外に
いるアリス

アリスの
ストップウォッチ

時間は，いつも一定じゃないのカメ。

107

— 双子のパラドックス —

ロケットの兄と地球の弟，年をとるのはどっち？

再会したときに，弟は兄よりも年をとっている

　パラドックスの本題に入りましょう。地球に，双子の兄弟がいるとします。兄は，地球から6光年はなれたバーナード星への旅に出かけることになりました。一方の弟は，地球で留守番です。兄が乗るロケットは，非常に高性能で，どんな加速も減速もできるといいます。

　特殊相対性理論によると，地球にいる弟の立場で考えた場合，高速で運動するロケットに乗っている兄の時間は，弟の時間よりもゆっくりと進みます。地球に帰ってきた兄と再会したときに，弟は兄よりも多く年をとっていることになります。

再会したときに，兄は弟よりも年をとっている

　一方，この状況をロケットに乗っている兄の立場で考えると，高速で遠ざかるように運動する地球にいる弟の時間は，兄の時間よりもゆっくりと進みます。地球で待っていた弟と再会したときに，兄は弟よりも多く年をとっていることになります。しかしこれは，弟の立場で考えた結論とは逆です。

　以上が，「双子のパラドックス」とよばれるパラドックスの概要です。この話の論理に，矛盾があるのでしょうか。

双子のパラドックス

ロケットの速さが光速の60％のとき，地球とバーナード星の往復には20年かかります。光速の60％で進むロケットの中では，時間の進み方が20％遅くなります。つまり，弟から見ると，兄の時間は20年×0.8＝16年しか経過していません。逆に兄から見ると，弟の方が16年しか経過していないはずです。

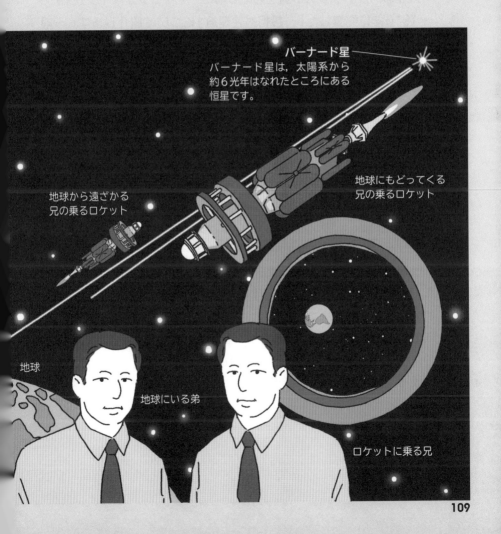

バーナード星
バーナード星は，太陽系から約6光年はなれたところにある恒星です。

地球から遠ざかる兄の乗るロケット

地球にもどってくる兄の乗るロケット

地球

地球にいる弟

ロケットに乗る兄

— 双子のパラドックス —

3 重力が強い場所では，時間の進みが遅くなる

ブラックホールのそばでは，時間はほとんど止まる

　双子のパラドックスの話を進める前に，アインシュタインが1915〜1916年に発表した「一般相対性理論」について紹介します。一般相対性理論は，時間と空間，そして重力の理論です。

　一般相対性理論によれば，重力によって光の進路は曲げられてしまいます。**また，重力は，時間の進み方にも影響をあたえます。重力によって，時間がゆっくりと流れるようになるのです。**光を飲みこんでしまうほど重力の強い「ブラックホール」という天体のそばなら，時間はほとんど止まってしまいます。

「慣性力」は，重力と同じとみなすことができる

　一般相対性理論では，加速度運動をする際にあらわれる「慣性力」を，本質的に重力と同じとみなすことができます。これを「等価原理」といいます。たとえば，窓のない宇宙船が，宇宙船の中の人の頭上方向に加速しながら進んでいるとしましょう。すると，宇宙船の中の人の体に，下向きの「慣性力」が生まれます。この慣性力と重力は，区別することができないというのです。

重力の影響を受ける光と時間

イラストは，太陽の重力で曲げられる光と，重力の強さによって時間の進み方がかわるようすをあらわしています。時計の針の進み方の変化は，誇張してえがいています。

太陽

太陽の重力で
曲げられる光

地球

ブラックホールに
飲みこまれる光

ブラック
ホール

4 地球にいた弟のほうが、年をとっている

一定の加速度で加速し、中間点から減速する

　一般相対性理論を用いて、双子のパラドックスを考えてみましょう。地球上でロケットのエンジンを始動させ、一定の加速度でバーナード星に向かいます（右のイラストの期間A）。地球とバーナード星との中間点にさしかかった瞬間にエンジンを逆噴射させ、減速しながらバーナード星に向かいます（期間B）。バーナード星を速度ゼロで折り返し、同様の加速（期間C）と減速（期間D）を行って地球に帰ってくるとします。

すべての期間において、兄の時間が遅れる

　等価原理を使うと、期間Aでは、ロケットの加速運動によって地球方向への見かけの重力が生じているとみなすことができます。期間B、期間C、期間Dでもそれぞれ、ロケットの減速運動や加速運動によって、見かけの重力が生じているとみなすことができます。このため、すべての期間において兄には見かけの重力がかかっており、時間が遅れます。つまり、双子のパラドックスは、正しくは「弟のほうが年をとっている」ということになるのです。

兄にかかる見かけの重力

期間A〜Dのすべての期間において，ロケットの加速運動と減速運動によって，兄には見かけの重力がかかっているとみなすことができます。このため，兄の時間は，弟の時間よりもゆっくりと進みます。

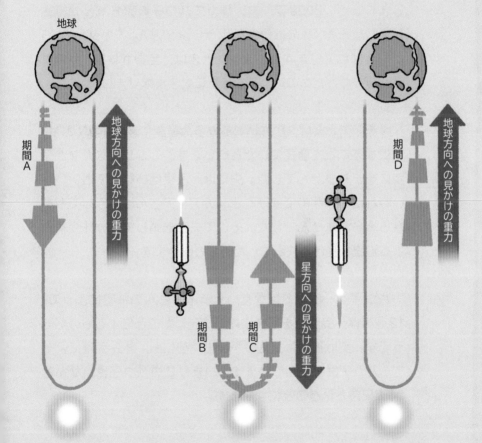

地球

期間A

地球方向への見かけの重力

期間B

期間C

星方向への見かけの重力

期間D

地球方向への見かけの重力

バーナード星

期間A：バーナード星に向けて加速しつづける　　期間C：地球に向けて加速しつづける
期間B：バーナード星に向けて減速しつづける　　期間D：地球に向けて減速しつづける

八つ子のお母さん

　　双子のパラドックスが登場したので，八つ子の話題を紹介しましょう。2009年，アメリカで八つ子の赤ちゃんが誕生しました。八つ子のお母さんは，ナディアさん。「オクトマム」ともよばれています。生まれたときは，全員が体重1キログラム前後だったものの，みな無事に大きくなりました。

　　ナディアさんは，小さいころから大家族にあこがれており，母になることを夢見ていたといいます。しかし，なかなか子宝に恵まれませんでした。夫には，子供はいなくてもいいといわれたそうなのですけれど，ナディアさんはどうしてもあきらめられませんでした。そこで夫と離婚して，体外受精による治療を受ける決断をしたのだといいます。

　　八つ子は一卵性ではなく，ナディアさんの希望によって，12個の体外受精卵を同時に体内に戻したことによるものだそうです。実は彼女は，八つ子の出産前にも，体外受精によって6人の子供を産んでいます。つまりこの八つ子は，なんと14人兄弟ということになります。

5 過去へのタイムトラベルで，過去が変わってしまう

過去の自分のタイムトラベルを，阻止しようとする

タイムマシンに乗って過去や未来へ行くことを想定すると，いろいろなパラドックスが生まれてきます。**それらの問題は，「タイムパラドックス」とよばれます。**

過去にもどることができる，「タイムトンネル」があったとします。ある少女がそのタイムトンネルの入口に入って，過去にもどったとし

過去への旅のパラドックス

タイムトラベルにより，過去にもどって自分が過去にもどることを阻止する，という状況を表現しました。阻止できると仮定すると，少女は過去にもどれなくなるので，過去の自分のタイムトラベルを阻止できないことになります。

時間軸
（過去側）

タイムトンネルの出口

少女

2. 過去にもどる

ましょう。そして過去の自分がタイムトンネルに入ろうとするのを，阻止しようとします。さて，過去の自分のタイムトラベルを阻止するなんてことが，できるのでしょうか？

できたと仮定して，できないという結論に

　仮に，過去の自分のタイムトラベルを阻止できたとしましょう。すると少女は過去にもどれなくなるので，過去の自分のタイムトラベルを阻止できないことになってしまいます。**タイムトラベルを阻止できたと仮定して，阻止できないという結論がみちびかれてしまいます。** これは矛盾です。

　次のページで，ほかの例も考えてみましょう。

過去へのタイムトラベル

タイムトラベル
してきた少女

今からタイムトラベル
しようとしている少女

タイムトンネルの入口

少女

時間軸
（未来側）

. 過去の自分がタイムトンネルに
入ろうとするのを阻止できるか？

1. タイムトンネルの入口に入る

117

6 作者不在なのに，ベストセラーがわいて出る

まだ書きはじめていない作者に，小説を渡す

　ある年にベストセラーになった小説を少女が買い，数年前にもどったとしましょう。そして小説をまだ書きはじめていない作者に渡します。作者はのちにこの小説を自分の作品として発表し，ベストセラーになります。さて，この小説の本当の作者はだれなのでしょうか。

　そう，作者はいません。**つまり，何もないところから，小説の内容**

作者不在の小説

　タイムトラベルにより，過去にもどって小説をまだ書きはじめていない作者にその小説を渡す，という状況を表現しました。少女のタイムトラベルによって，小説の内容がどこからともなくあらわれたことになり，非常に奇妙なことになっています。

タイムトンネルの出口

時間軸
（過去側）

少女

2. 過去にもどる

がわいて出たことになってしまうのです。

未来が過去に影響すると，因果律が崩壊する

　物理学を含む，すべての科学の大前提として，「因果律」があります。因果律とは，「あらゆる現象には原因がある」というもので，その原因は結果よりも時間的に先立たなければならないとみなされています。

　前ページからの例で見たように，過去へもどることができるとすると，結果（未来）が原因（過去）に影響をおよぼすことができることになり，因果律が崩壊しかねません。そのため多くの科学者は，過去へのタイムトラベルの可能性に，否定的な見方を示しているようです。

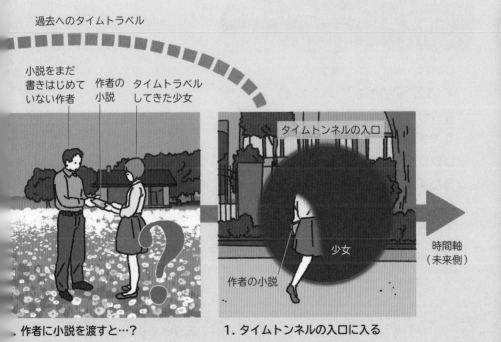

過去へのタイムトラベル

小説をまだ
書きはじめて
いない作者

作者の
小説

タイムトラベル
してきた少女

タイムトンネルの入口

少女

作者の小説

時間軸
（未来側）

作者に小説を渡すと…?

1. タイムトンネルの入口に入る

7 過去が変えられないものなら，矛盾は回避

歴史変更に失敗することも，歴史におりこみずみ

　　過去へもどることができた場合でも，矛盾を生じさせない状況を考えることはできます。それは，歴史は決して変えられないと考えることです。

　　下のイラストのように，少女が過去へとタイムトラベルし，過去の自分がタイムトラベルしようとするのを防ごうとしたとします。しか

矛盾が生じない過去への旅

少女は，タイムトンネルに入って（1），過去へもどり（2），過去の自分がタイムトンネルに入るのを阻止しようと考えます。しかし，途中で予想外に人に道をたずねられて足止めをくらい（3），その間に過去の少女はタイムトンネルに入ってしまいました。

タイムトンネルの出口

時間軸
（過去側）

少女

2. 過去にもどる

し足止めにあい，過去の自分のタイムトラベルを止めることができませんでした。この場合，少女は過去にもどっているものの，歴史を変えることには成功していないため，矛盾は生じません。**少女が歴史を変えることに失敗することも，歴史におりこみずみというわけです。**

自由意志などないということになるのか

しかし，許される過去へのタイムトラベルがすべてこのようなものなら，別の疑問が生じます。私たちは，自由意志でみずからの行動を決めていると信じています。**しかし過去にもどっても決して歴史を変えられないとすると，私たちには自由意志などないということになりそうです。**

過去へのタイムトラベル

タイムトラベル
てきた少女

少女に道を
たずねる人

タイムトンネルに
入ろうとする少女

タイムトンネルの入口

少女

時間軸
（未来側）

. 歴史をかえることはできない　　　1. タイムトンネルの入口に入る

― タイムパラドックス ―

8 「パラレルワールド」が実在すれば，矛盾はない

多世界解釈では，別の世界も実在すると考える

過去への旅が生む矛盾を解決する考え方として，「パラレルワールド（並行世界）」の存在を仮定するというものがあります。これは，量子論の「多世界解釈」にもとづいた考え方です。

ある放射性物質の原子核が，半減期1日で崩壊するとしましょう。原子核が1日後までに崩壊する確率は50％，1日たっても崩壊しない確率も50％です。そして1日後，実際に原子核の崩壊が観測されたとしましょう。このとき多世界解釈では，原子核が崩壊していない別の世界（パラレルワールド）も実在する，と考えます。

過去の歴史を変えても，元の未来は存在する

多世界解釈によると，タイムトラベラーが過去にもどって歴史を変えた場合，タイムトラベラーは元の未来とは別の歴史の世界に移るとします。タイムトラベラーが過去の歴史を変えたとしても，元の未来は依然として存在するので，矛盾は生じないと考えるのです。この解釈にもとづくと，過去にもどって歴史を変えたとしても，その影響は元の世界の歴史にはおよばないことになります。

多世界解釈とタイムトラベル

少女がタイムトラベルして過去にもどります（1，2）。その後，枝分かれした世界で，過去の自分がタイムトラベルしようとするのを阻止したとします（3）。その場合でも，少女がもともといた世界は存在したままなので，矛盾は生じません。

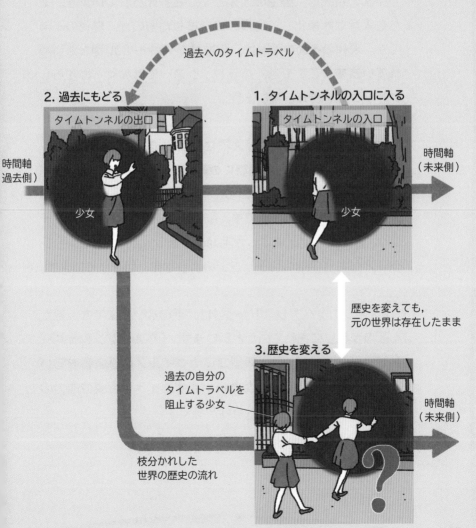

過去へのタイムトラベル

2. 過去にもどる

タイムトンネルの出口

時間軸
（過去側）

少女

1. タイムトンネルの入口に入る

タイムトンネルの入口

時間軸
（未来側）

少女

歴史を変えても，
元の世界は存在したまま

3. 歴史を変える

過去の自分の
タイムトラベルを
阻止する少女

時間軸
（未来側）

枝分かれした
世界の歴史の流れ

めずらしいドッグズ

イヌの祖先は，野生のオオカミだと考えられています。それを人類が家畜化し，品種改良を重ねたものが，現代のイヌです。現代のイヌの種類は，全世界で700〜800種ともいわれています。ここでは，パラドックス…ではなく，めずらしいドッグズを紹介しましょう。

古代エジプトのアヌビス神に似ている「ファラオハウンド」，マリ共和国の一部民族にのみ飼われていた「アザワク」，ドレッドヘアのような毛の「プーリー」などは，日本での登録頭数が非常に少ない犬種です。「チャイニーズクレステッドドッグ」は，頭と足と尾にしか毛がありません。「ベドリントンテリア」は，イヌなのに子ヒツジのような見た目をしています。

「メキシカンヘアレスドッグ」は，毛のないイヌです。湯たんぽのかわりにされていたといいます。「ベルジアンシェパードドッグマリノア」は，新型コロナウイルスの感染者を匂いで感知する実験に成功したといいます。イヌの容姿や能力の多様さには，おどろかされるばかりです。

ファラオハウンド

アザワク

プーリー

チャイニーズクレステッド
ドッグ

ベドリントン
テリア

メキシカン
ヘアレスドッグ

ベルジアン
シェパード
ドッグマリノア

シリーズ第**29**弾!!

ニュートン式
超図解 最強に面白い!!

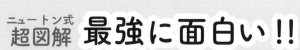

食と栄養

A5 判・128 ページ　990 円（税込）

　私たちが生きていくためには，食事が欠かせません。身のまわりには，食と栄養，健康に関する情報があふれています。どの情報を信じ，どんな食品を食べるべきなのか，迷ってしまうことも多いのではないでしょうか。

　たとえば「コラーゲン」を含む食品が，美肌に効果があるという宣伝文句をよく目にします。コラーゲンとは，皮膚などに含まれるタンパク質の一種です。コラーゲンの多い皮膚は，確かにハリがあります。しかし食べたコラーゲンが，体の中でそのまま皮膚に使われるわけではありません。コラーゲンを食べても，肌のコラーゲンがふえる保証はないのです。

　本書では，気になる食品の正しい情報や，栄養素の基本，食品と健康の関係を，"最強に"面白く紹介します。ぜひご一読ください！

余分な知識満載だピョン！

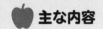 **主な内容**

注目の食品の正しい知識

乳酸菌は，胃でほとんど死ぬけど役に立つ
グルテンフリーで，病気を予防できるわけではない

食と健康の気になる関係

糖質制限は，やせやすいけど危険かも
ポリフェノールで老化を防げるかはわからない

5大栄養素を正しく知ろう

炭水化物でダッシュ！ 体のエネルギー源
ビタミンがないと進まない。体内の化学反応

健康と美容によい食事

成人は，食べ過ぎても食べな過ぎてもいけない
美しい肌になりたければ，タンパク質をとろう

病気になったときの食事

食中毒になったら，まず飲み物から栄養をとる
肉よりも魚。コレステロール減で動脈硬化を予防

Staff

Editorial Management	木村直之
Editorial Staff	井手 亮, 赤谷拓和
Cover Design	岩本陽一
Editorial Cooperation	株式会社 オフィス201（高野恵子, 新留華乃）

Illustration

表紙カバー	佐藤蘭名
表紙	佐藤蘭名
11〜15	佐藤蘭名
19	富﨑 NORIさんのイラストを元に 佐藤蘭名が作成
21〜45	佐藤蘭名
47	富﨑 NORIさんのイラストを元に 佐藤蘭名が作成
51〜53	佐藤蘭名
55〜57	富﨑 NORIさんのイラストを元に 佐藤蘭名が作成
59〜115	佐藤蘭名
116〜123	荻野瑶海さんのイラストを元に 佐藤蘭名が作成
125	佐藤蘭名

監修（敬称略）：
　高橋昌一郎（國學院大學教授）

本書は主に，Newton 別冊『絵でわかる パラドックス大百科』の一部記事を抜粋し，大幅に加筆・再編集したものです。

初出記事へのご協力者（敬称略）：
　高橋昌一郎（國學院大學教授）
　松原隆彦（高エネルギー加速器研究機構素粒子原子核研究所教授）

ニュートン式 超図解 **最強に面白い!!**

パラドックス

2021年1月15日発行　　2022年3月15日 第2刷

発行人　　高森康雄
編集人　　木村直之
発行所　　株式会社 ニュートンプレス　〒112-0012東京都文京区大塚3-11-6
　　　　　https://www.newtonpress.co.jp/